配电网现场作业禁忌及案例图解

——“生产现场作业‘十不干’”分析及示例

主　编　郭　瑜
副主编　郭　韬
参　编　张　颖

机 械 工 业 出 版 社

本书以案例图册的形式，对实际工作中违反“十不干”而引发的事故，通过文字进行简述及剖析事故原因，并提出了防范措施。本书配以大量图片再现事故发生时的人物及场景，让内容更加真实生动、浅显易懂，特别适合一线电工的阅读习惯。

本书适合从事配电网和农网现场作业施工的一线电工及相关工程人员，以及有意愿从事弱电、农电、市电电工工作的技术工人的学习、培训使用。

图书在版编目（CIP）数据

配电网现场作业禁忌及案例图解：“生产现场作业‘十不干’”分析及示例／郭瑜主编. —北京：机械工业出版社，2019. 7（2021.1重印）
ISBN 978-7-111-63010-4

Ⅰ.①配… Ⅱ.①郭… Ⅲ.①配电系统－安全技术－图解 Ⅳ.①TM727-64

中国版本图书馆CIP数据核字（2019）第115525号

机械工业出版社（北京市百万庄大街22号 邮政编码100037）
策划编辑：王 欢 责任编辑：王 欢
责任校对：王明欣 封面设计：陈 沛
责任印制：常天培
北京富资园科技发展有限公司印刷
2021年1月第1版第2次印刷
148mm×210mm・4印张・96千字

标准书号：ISBN 978-7-111-63010-4
定价：19.00元

电话服务
客服电话：010-88361066
010-88379833
010-68326294

网络服务
机 工 官 网：www.cmpbook.com
机 工 官 博：weibo.com/cmp1952
金 书 网：www.golden-book.com
机工教育服务网：www.cmpedu.com

前 言

国家电网公司2018年重磅推出《生产现场作业“十不干”》，要求公司系统内各单位对全体生产作业人员、各级领导干部、管理人员进行全覆盖式宣贯，确保“十不干”人人知晓、人人熟知、入脑入心、主动实践。

这是国家电网公司结合安全生产新形势，以及党对推进安全生产工作的新要求、新部署，切实把思想和行动统一到党的十九大精神上来，并转化为推动安全生产工作创新发展的具体举措。同时，这也体现了社会主义新时代对工人安全权益的极大尊重。由此带来的影响必将是深刻和深远的。

为宣贯“生产现场作业‘十不干’”的精神，保障职工生产作业安全，我们以案例图册的形式，编制了本书，对实际工作中违反“十不干”而引发的事故，通过文字进行简述及剖析事故原因，并提出了防范措施。本书配以大量图片再现事故发生时的人物及场景，让讲解更加真实生动、浅显易懂，特别适合一线电工的阅读习惯。

希望本书能帮助一线员工及管理人员针对《生产现场作业“十不干”》的要求进行学习培训及落实，发挥新时代工人拥有的不可忽视的力量，引导员工真正实现从“要我安全”到“我要安全”的转变，并实现员工对安全问题的个人响应与情感认同。这样，反映到实际工作中，就能切实强化作业现场的安全自律及管控，严把作业安全关，严格执行生产作业、建设施工各项安全管理规定，杜绝违章作业的源头隐患，确保生产现场安全作业，别再让事故发生！

作　者

2019年5月

目　录

目　录

七、违反“十不干”第七条“杆塔根部、基础和拉线不牢固的不干”引发的事故案例

八、违反“十不干”第八条“高处作业防坠落措施不完善的不干”引发的事故案例

一、违反“十不干”第一条“无票的不干”引发的事故案例

“十不干”第一条释义： 对于在电气设备上及相关场所进行的工作，正确填用工作票、操作票是保证安全的基本组织措施。

无票作业，容易造成安全责任不明确、保证安全的技术措施不完善、组织措施不落实等问题，进而造成管理失控而发生事故。

倒闸操作应有调控值班人员、运维负责人正式发布的指令，并使用经事先审核合格的操作票；在电气设备上工作，应填用工作票或事故紧急抢修单，并严格履行签发许可等手续，不同的工作内容应填写对应的工作票；动火工作必须按要求办理动火工作票，并严格履行签发、许可等手续。

【案例1】无票作业，停电错误，未按规定验电和装设接地线，致人触电重伤。

1. 案例经过

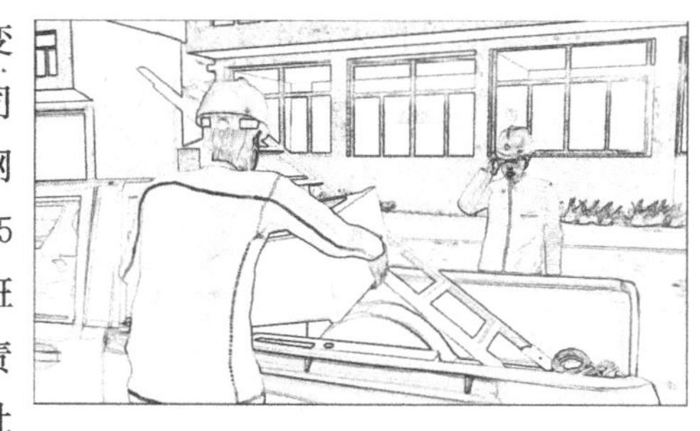

某电力工程公司输变电分公司承接某供电公司某镇团结村二社台区农网改造工程。某年7月15日，该公司工程队施工班负责人肖某安排工作负责人邓某对某镇团结村二社

进行低压消缺工作。下午 14：00，邓某打电话给某供电公司西永供电营业所值班人员朱某，要求停用团结村二社台区进行低压消缺。

朱某当即交代工作负责人邓某一定要将团结村二社台区低压刀开关断开，验电、接地后方可工作，并在停好电后汇报。

施工班组到施工现场后发现团结村二社台区的 10kV（千伏）高压引流线与 0.4kV 低压出线的线间距离不够，便决定将该台区的高压裸导线更换为高压绝缘线。

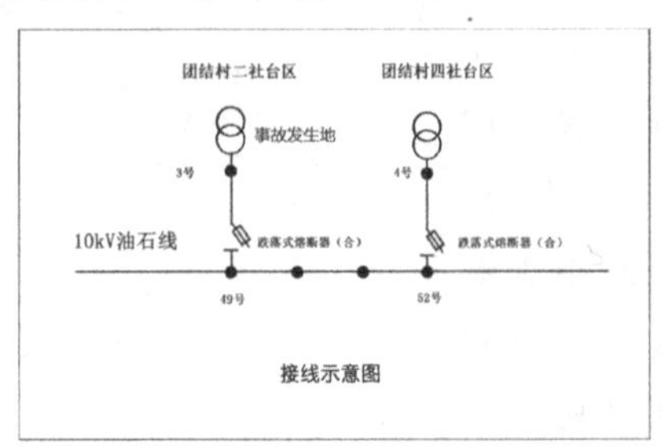

工作负责人邓某及班组成员张某来到10kV油石线52号杆处，邓某擅自安排张某拉开10kV油石线52号杆支路高压跌落式熔断器（实际是应拉开10kV油石线49号杆支路高压跌落式熔断器），以便更换该台区的高压引流线，但是按规定应补签配电第一种工作票。

在未办理工作票、未验电的情况下，邓某盲目地爬上了未停电的团结村二社配变台架准备用铝线去做短路线。

当左手握的铝线碰触 10kV 引下线时，发生人身触电烧伤，从 2.5 米（单位符号为 m）高台架摔下。随后张某、邓某、谢某等人立即将邓某抬到某镇人民医院抢救，由于医疗条件较差，伤者邓某经某镇人民医院处理后转送到某大医院烧伤科医治，于 7 月 16 日晚右手臂截肢。

2. 案例解析

（1）在 10kV 线路上进行操作，该事故存在停电错误。工作负责人邓某及班组成员张某对线路设备不熟悉，又未使用工作票，未明确应拉开的高压跌落式熔断器编号，走错了位置，又未仔细核对设备名称、编号，这是造成此次事故的主要原因。

（2）工作负责人邓某擅自扩大工作范围，工作内容只是低压消缺，临时增加更换高压绝缘引流线的工作。在没有履行工作许可手续，没有采取验电和装设接地线等必需的安全措施的情况下，冒险登杆作业，并最终导致其左手臂碰触带电导线而触电烧伤。

（3）无票作业，违章指挥。工作负责人邓某违反《国家电网公司电力安全工作规程（配电部分）（试行）》中的如下规定：

“3.3.2 填用配电第一种工作票的工作。

配电工作，需要将高压线路、设备停电或做安全措施者。”

在组织进行 10kV 设备停电消缺时，未使用工作票；越权安排工作班成员操作本应由工作许可人操作的 10kV 运行设备，并且由于工作负责人邓某对配网线路运行方式不了解，误拉 10kV 油石线号 52 杆支路高压熔断器，从而造成了此次事故。

（4）未认真执行省电力公司外包工程及外用工安全管理规定的如下要求：

1）供电公司未对外包单位（某电力工程公司输变电分公司）负责人和工程技术人员进行工程项目的整体技术交底。

2）外包单位（某电力工程公司输变电分公司）未对施工项目进行危险点分析，更谈不上控制措施的制订和落实。

（5）外包单位（某电力工程公司输变电分公司）方面暴露的问题如下：

1）不严格执行“两票”制度、停送电制度、工作许可制度、工作监护制度，违章现象严重。

2）在未请示、汇报的情况下，擅自扩大工作范围。

3）对安全极不重视，用人不当。为节约施工成本，私自聘用无资质人员从事电气作业，习惯性违章严重。

4）工作负责人自我保护意识差，未认真履行工作负责人的安全责任。工作负责人充当工作成员，造成施工现场失去监护，现场管理混乱。

5）安全意识淡薄，工作随意性大，对电力安全工器具的使用与管理极不重视，电气作业不准备接地线、验电器。

（6）供电营业所方面暴露的问题如下：

1）供电营业所未严格执行两票制度、停送电制度、工作许可制度。在受理施工队作业申请过程中，对必须办理工作票的规定执行不力。甚至个别人有“办理工作票只是个形式”的错误观点，平时在贯彻工作票制度时随意性大，对发生的无票许可工作的问题没有及时发现和纠正。

2）供电营业所相关负责人缺乏对安全工作重要性的认识，所提出的意见缺乏目的性、针对性，尤其没有将安全管理工作放在首位；不重视检查工作，仅是依据工程提出表面上的意见；对施工单位的资质缺乏准确的认识，也没有深入了解施工单位（外包单位部分员工的知识、技能水平、安全意识欠佳，但是外包单位却不定期培训这部分员工，从而导致这些员工在实际工作缺乏对自身责任、安全工作的认识）。除此之外，部分负责人所提出的意见缺乏目的性、针对性，尤其没有将安全管理工作放在首位。

3）供电营业所在贯彻《xx供电公司“三无”工作实施细则》时认识不到习惯性违章的危害和反习惯性违章的重要性，工作中习惯性违章顽固存在，工作中你说你的、我干我的，不相信安规，不按章作业，有的认为自己从事电力工作多年，有经验、有招数，什么也不在乎，粗心大意，盲目蛮干。

4）供电营业所职业化电工，对施工班组申请停用运行的高压设备应由许可人操作的规定不清楚，从而造成许可人准许施工人员操作运行的高压设备的情况，这反映出班组对贯彻执行有关安全规程制度不力。

5）对外包单位的安全管理培训不到位，为培训而培训，为任务而忙活；每年制订的培训计划，看似有目标，但却没有针对外包单位存在的具体问题制订长期性、连续性、系统性的培训计划；制订的计划，基本是为了应付上级的检查或临时组织的培训，根本没有深究外包单位员工缺乏哪项技术，需要补充什么知识。

3. 防范措施

（1）应加大对外包施工队的安全管理力度，全力绷紧施工的“安全弦”，严格审查施工队的安全资质，严禁违规进行工程发包，对不符合资质要求的施工队和人员坚决清退，坚决杜绝不合格施工队再次“改头换面”进入施工市场，加强施工队的安全监督检查，查找施工安全管理存在的问题，严格执行工作票制度和停送电制度，严禁无票作业。

（2）针对生产班组和外协队伍开展执行工作票、派工单制度及相关规定的培训，提高广大职业化和非职业化电工的安全意识。

（3）供电公司应进一步加强管理，检查各项规章制度、“两票”落实情况，完善各种隐患缺陷的发现处理。

1）深入施工作业现场对工作票、派工单的执行情况进行指导；线路值班室、供电营业所必须严格执行工作票审查制度，对不按规定填写的不合格工作票不予以受理。

2）要加大反违章工作力度。强化“违章就是事故”“不安全不工作”的理念，严肃查处“三违”行为，对屡教不改的要出“重拳”下“狠手”，有效管控习惯性违章。

3）要加强班组安全管理。紧紧守住班组这个防范事故的主阵地，要坚持不懈地抓好班前（后）会，开工作业前对危险点分析和控制措施的布置要落实到位，坚决杜绝人身伤害事故的发生。

4）要从物的不安全状态及人的不安全行为上排查安全隐患，做到不留任何死角，并有针对性地治理；建立事故隐患整改责任制，处理隐患要分工明确，责任到人，限时间保质量地清除隐患，对那些需要立即整改的隐患，绝不能讲半丝人情，拖延半分，而应当及时整改，消除危险。

【案例 2】无票作业，工作负责人（监护人）违反规定参与作业，作业前不停电、不验电、不装设接地线，致人触电死亡。

1. 案例经过

某年 7 月 15 日，某市安澜镇乐杨村向某供电分公司故障值班室反映 10kV 常乐线乐杨村 1 号台区配变 380V 两相断相（俗称缺相），要求尽快处理。故障值班室温某接到电话后，用对讲机通知 110 故障抢修值班长伍某（工作负责人及工作监护人，死者）。伍某驾车携班员欧某立即赶往故障地点。

伍某、欧某二人到达作业现场后进行了检查。

发现10kV常乐线乐杨村1号配变台低压侧摘挂式刀开关B、C两相熔丝已断，自认为不需要进行停电处理。两人未按规定填写配电故障紧急抢修单，便进行更换熔丝工作。

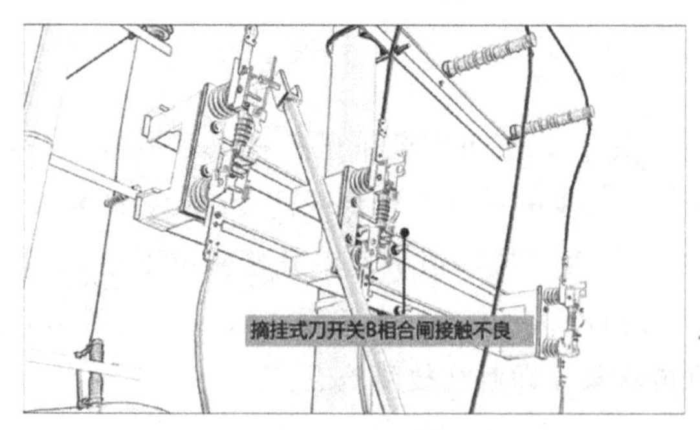

在地面用绝缘杆摘下配变台低压侧刀开关B、C两相可摘挂部分，并在地面更换了熔丝，更换熔丝后，用绝缘杆逐相进行合闸送

电，发现C相合闸良好，B相合闸接触不良。

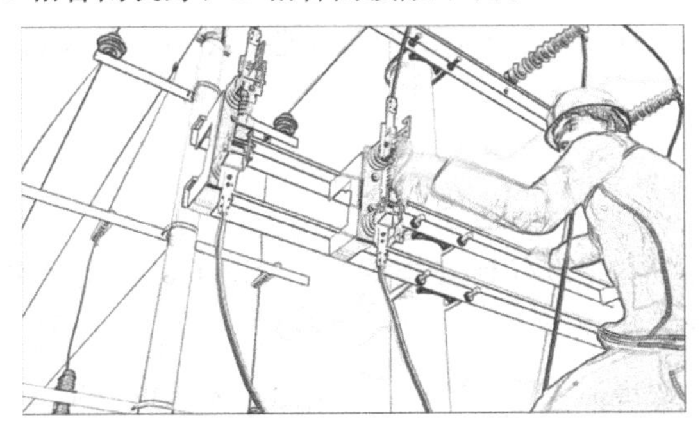

工作负责人伍某便返回检修车上取下梯子，在未穿绝缘鞋、未戴绝缘手套、未系安全带的情况下，从右侧登上了配变台，站在配变台低压侧刀开关B相侧附近，右手抓住二次横担，用左手握着钳子，夹着B相刀开关的摘挂环，合上开关。

因隔离开关合得不够牢固，伍某便用钳子敲打B相刀开关。

当钳子离开摘挂环时，隔离开关的摘挂部分自然脱开，落到伍某的左手上，即发生触电，并导致高坠。之后，伍某送往医院抢救无效死亡。

2. **案例解析**

(1) 在没有采取任何安全措施的情况下，冒险登配变台作业，是导致此次事故的主要原因。

在柱上变压器台架工作时，相关人员未采取停电、验电、装设接地线等安全措施，违章冒险作业，伍某是此项工作的工作负责人（监护人），严重违反《国家电网公司电力安全工作规程（配电部分）（试行）》的如下规定：

“4 保证安全的技术措施

4.1 在配电线路和设备上工作，保证安全的技术措施

4.1.1 停电

4.1.2 验电

4.1.3 接地

4.1.4 悬挂标示牌和装设遮栏（围栏）……

7.1.2 柱上变压器台架工作，应先断开低压侧的空气开关、刀开关，再断开变压器台架的高压线路的隔离开关（刀闸）或跌落式熔断器，高低压侧验电、接地后，方可工作。若变压器的低压侧无法装设接地线，应采用绝缘遮蔽措施。”

(2) 违反《国家电网公司电力安全工作规程（配电部分）（试行）》的第 3 部分“*保证安全的组织措施*”中第 3.3 条规定的“*工作票制度*”，没有履行配电故障紧急抢修单、工作票等手续就组织作业。

(3) 违反《国家电网公司电力安全工作规程（配电部分）（试行）》中第 3.5.4 条“*专责监护人不得兼做其他工作*”的规定，擅自登上变台进行低压带电作业，造成作业现场失去监护。

（4）隔离开关闭合不牢固，伍某野蛮操作用钳子敲打B相刀开关，因用力过猛隔离开关的摘挂部分自然脱开，落到伍某的左手，这直接导致了此次事故。

（5）工作班成员欧某违反《国家电网公司电力安全工作规程（配电部分）（试行）》中第3.3.12.5条规定的“（2）……*严格遵守本规程和劳动纪律，在指定的作业范围内工作，对自己在工作中的行为负责，互相关心工作安全。*”成员未对伍某的违章作业行为及时制止，没有履行工作班成员的责任。

（6）该事故暴露的问题如下：

1）人员安全意识淡薄，缺乏对作业中风险的辨识能力，自我保护能力差。

2）劳动组织有缺陷，抢修工作人员有限，工作负责人（监护人）不得不参与工作，工作过程中具有一定随意性。

3）供电分公司教育培训针对性不强，安全知识教育、技能培训针对性不足，培训质量达不到要求。

3. 防范措施

（1）在配电变压器台架上作业，须严格执行《国家电网公司电力安全工作规程（配电部分）（试行）》及配电故障修理的有关的规定，不论线路是否停电，都应先断开低压侧断路器，再拉开低压侧隔离开关，后拉开高压侧熔断器，在工作地点各端验明无电压后挂接地线，（过程由专人监护），之后方可工作。

（2）若变压器的低压侧无法装设接地线，应在低压侧刀开关处采取绝缘遮蔽措施。任何时候，只要没装设接地线，服役的电力设备就必须认为其带电，包括绝缘导线、热缩绝缘管等。作业人员都要与其保持足够的安全距离，绝不能碰触未挂接地线的电力设备，检修设备停电后，作业人员必须在接地保护范围内工作。

（3）《国家电网公司电力安全工作规程（配电部分）（试行）》规定专责监护人不得兼做其他工作，工作负责人对有触电危险，容易发生事故的工作，更不允许参加作业。

（4）电力事故抢修的工作可以不用工作票，但应填写事故抢修单。

（5）运行检修单位应加强对配电设备的定期检查、检修和维护工作，进一步提高配电设备健康水平，有效降低低压隔离开关的故障，减少停电事故，节省抢修时间，确保供电设备安全稳定运行和安全可靠供电。

（6）严格执行《国家电网公司电力安全工作规程（配电部分）（试行）》中第1.2条的规定，任何人发现有违反本规程的情况，应立即制止，经纠正后方可恢复作业；作业人员有权拒绝违章指挥和强令冒险作业；在发现直接危及人身、电网和设备安全的紧急情况时，有权停止作业或在采取可能的紧急措施后撤离作业场所，并立即报告。

【案例3】未办理工作许可手续，工作班人员即进入现场作业，造成线路送电延误三个多小时的严重后果。

1. 案例经过

某年7月28日晚19：25，某供电公司用电所永新电管站站长韩某在向线路值班室汇报工作时，线路值班室李某顺便通知韩某7月29日因某线路检修班在其他线路有工作需将10kV坝原、10kV坝杨线停电，如果有线路工作请明日与当值人员联系。当时韩某并没申请将在所停线路进行清枝砍树工作。

当晚韩某向该站安全员苗某布置次日 10kV 坝原、10kV 坝杨线砍树工作，并授权苗某负责组织安排此项工作。

7月29日7：00左右，永新电管站安全员苗某，在小河街碰见小河片区（10kV坝原线所在片区）负责人何某，向其交代了10kV坝原线砍树工作。

8：00左右，苗某打电话向双九片区（10kV坝杨线所在片区）负责人曾某交代了10kV坝杨线砍树工作。

8：40左右，苗某打电话到坝固变电站，告诉值班员朱某今天

自己的电管站坝原线、坝杨线安排有人砍树，并问停电时间多长，同时“叫朱某送电时通知我或电管站站长韩某”。坝固变电站告诉值班员朱某回答“要得嘛”。

在砍树期间，永新电管站站长韩某、安全员苗某都没有去现场。

7：28 左右，当地地调通知线路值班室李某 10kV 坝原、坝杨线电已停好。

7：35 左右，线路值班室李某交代线路检修班 10kV 坝原线、坝杨线已停电，验电接地后可以工作。

15：50 左右，线路检修班向线路值班室张某汇报 10kV 坝原线、坝杨线工作完毕，地线拆除，可以送电。

16：30 左右，线路值班室张某向地调汇报 10kV 坝原线、坝杨线工作已完，可以送电。

17：00左右，地调通知坝固变电站朱某10kV坝原、坝杨线送电。

朱某马上给苗某电话联系说：“线路变电工作已完，地调要求马上送电，你们的工作人员马上撤回”。

苗某立即与小河片区负责人何某电话联系。

何某回答：“工作人员未回来，不能送电”。

与双九片区负责人曾某联系，曾某回答：“现场人员未回话，还在现场，不能送电”。

坝固变电站告诉值班员朱某再次电话催苗某时，因现场人员无通信设备，苗某也无办法与其联系。苗某将情况汇报了电管站站长韩某。

17：00左右，坝固变电站告诉值班员朱某向地调汇报坝原、坝杨线有砍树工作，地调命令：“暂不送电，等通知再送电，并问谁安排的砍树，谁同意的”。朱某回答：“是永新电管站苗某给我说的”。地调立即通知了线路值班室。

19：30左右，工作完后，才恢复了对10kV坝原、坝杨线送电。至此，延迟送电3个多小时。

2. 案例解析

（1）违反了《地区调度管理规程》第12.8.5条“*严禁不经申请和许可擅自在调度管辖设备上进行任何工作*”的规定。韩某在未办理申请和许可手续的情况下便擅自在停电的10kV坝原、坝杨线进行清枝砍树工作是违章的直接原因。

（2）违反《国家电网公司电力安全工作规程（配电部分）（试行）》的如下规定。

1）“*3.3.1 在配电线路和设备上工作，可按下列方式进行。*

3.3.1.1 填用配电第一种工作票。

3.3.1.2 填用配电第二种工作票……

3.3.1.6 使用其他书面记录或按口头、电话命令执行……

3.3.7 可使用其他书面记录或按口头、电话命令执行的工作……

3.3.7.2 砍剪树木。”

在此次违章工作中，没使用口头和电话方式申请停电是这次违章工作的又一个直接原因。

2）“*3.4.9 许可开始工作的命令，应通知工作负责人。*”

通知方法可采用以下两种：

①当面许可。工作许可人和工作负责人应在工作票上记录许可时间，并分别签名。

②电话许可。工作许可人和工作负责人应分别记录许可时间和双方姓名，复诵、核对无误。

3）“*3.4.11 禁止约时停、送电。*”

由于此次砍伐树枝工作未向线路值班室申请因而线路值班室不可能履行工作许可手续；而变电站值班员在未接到线路值班调度员的电话传达命令情况下擅自间接进行工作许可，是此次违章工作的另一个直接原因。

4）“*3.5.1 工作许可后，工作负责人、专责监护人应向工作班成员交代工作内容、人员分工、带电部位和现场安全措施，告知危险点，并履行签名确认手续，方可下达开始工作的命令。*

3.5.2 工作负责人、专责监护人应始终在工作现场……

3.5.5 工作负责人若需长时间离开工作现场时，应由原工作票签发人变更工作负责人，履行变更手续，并告知全体工作班成员及所有工作许可人。原、现工作负责人应履行必要的交接手续，并在工作票上签名确认。”

在本次违章工作中，工作负责人一直未在工作现场，没认真执行以上规定。

5）“*4.4.1 当验明确已无电压后，应立即将检修的高压配电线路和设备接地并三相短路，工作地段各端和工作地段内有可能反送电的各分支线都应接地……*

4.4.12 对于因交叉跨越、平行或邻近带电线路、设备导致检修线路或设备可能产生感应电压时，应加装接地线或使用个人保安

线，加装（拆除）的接地线应记录在工作票上，个人保安线由作业人员自行装拆。”

另外，在拆除接地线时，要注意防范感应触电。在本次违章工作中，并未挂接地线。

3. 防范措施

（1）深入贯彻落实安全生产法规制度，进一步强化安全管理。工作中必须严格执行《电业安全工作规程》《地区调度管理规程》等规程规定。农网工程要严格执行保证安全的组织措施及技术措施。

（2）提升农网调度管理水平，严格履行调度分级管理职责，明确地调、线路值班室所辖调度范围，明确缺陷汇报、事故汇报制度。

（3）完善供电所（原电管站）与线路值班室工作联系的相关制度，并组织线路工区（原线路所）供电所（原电管站）进行学习。

（4）严格执行工作许可制度。工作许可应电话录音，并各自做好记录，规范停送电负责人职责，供电所（原电管站）应严格执行线路停送电操作联系制度。

（5）由用电管理部（原用电所）向安监部门上报各供电所（原电管站）工作负责人及有权接收调度命令人员名单，审查后予以公布。

（6）严格执行调度联系制度。调度电话联系时，双方均应做好记录，调度命令复诵、核对应无误。调度联系应一律使用调度术语，并进行录音。各供电所（原电管站）及35kV变电站应安装录音电话；今后只要是调度及工作联系电话，双方必须录音，没有录音的一律视同人员责任。

（7）变电运行工区（原变电所）应对所属35kV变电站值班人员进行有关规程的培训，强化有关规程的贯彻落实工作。

二、违反“十不干”第二条“工作任务、危险点不清楚的不干”引发的事故案例

“十不干”第二条释义：在电气设备上的工作（操作），做到工作任务明确、作业危险点清楚，是保证作业安全的前提。

工作任务、危险点不清楚，会造成不能正确履行安全职责、盲目作业、风险控制不足等问题。

倒闸操作前，操作人员（包括监护人）应了解操作目的和操作顺序，对操作指令有疑问时应向发令人询问清楚无误后执行。

持工作票工作前，工作负责人、专责监护人必须清楚工作内容、监护范围、人员分工、带电部位、安全措施和技术措施，必须清楚危险点及安全防范措施，并对工作班成员进行告知交底。

工作班成员工作前，要认真听取工作负责人、专责监护人交代的工作，熟悉工作内容、工作流程，掌握安全措施，明确工作中的危险点，履行确认手续后方可开始工作。检修、抢修、试验等工作开始前，工作负责人应向全体作业人员详细交代安全注意事项，交代邻近带电部位，指明工作过程中的带电情况，做好安全措施。

【案例 4】施工中发现的危险点随意处置，埋下事故隐患；私聘人员危险点不清楚，作业前不验电、不装设接地线，盲目登杆，致人触电坠落轻伤。

1. 案例经过

某年 3 月 18 日，某供电公司农网改造工程指挥部查勘技术组廖某等 4 人在石羊村一、二台区对乙方施工技术员文某进行现场安全技术交底。

3 月 21 日，外包单位在未拟定施工安全的三大措施，且未对其全体施工人员进行安全技术交底及未征得甲方（某供电公司）开工许可的情况下，擅自对石羊村一、二台区进行立杆放线施工。

3 月 26 日，外包单位施工班组在对石羊村一台区 1—48 号杆紧放线时发现交叉跨越（上跨）的 10kV 塘石线。

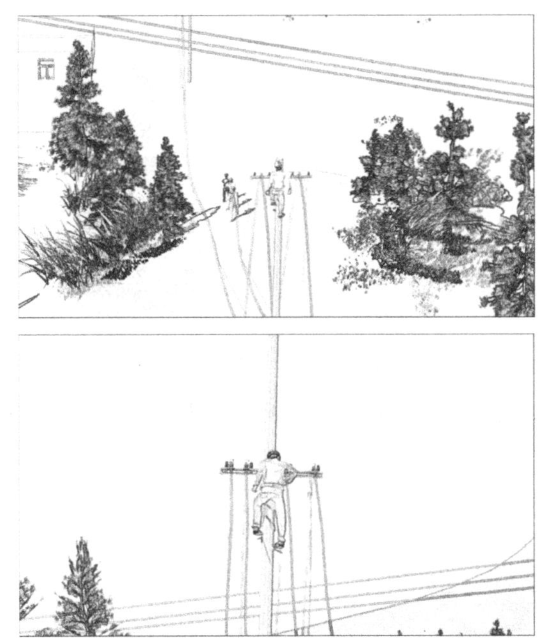

在估计安全距离不够的情况下，未引起足够的重视且未向甲方（某供电公司）农网改造指挥部作任何汇报，外包单位施工班组擅自将 47 号杆横担从杆顶上下降 2 米，48 号杆横担相应下降 1 米。

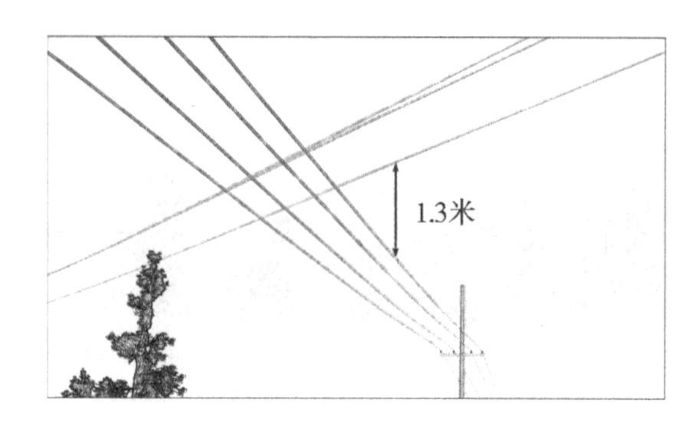

放线结束时，高、低路线距离为 1.3 米左右。

3 月 29 日，在放线工作结束三天后，外包单位施工班组私聘人员马某在未采取任何安全措施情况下登杆上 45 号杆准备安装下户横担。

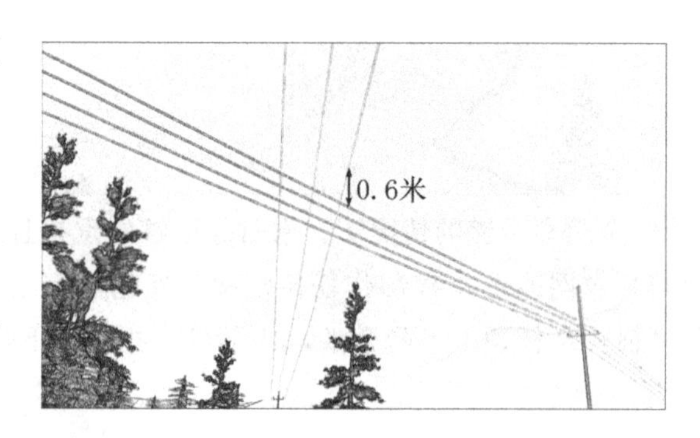

因当天气温高达28℃引起高压线弧垂下降和48号杆偏移造成低压线上扬，从而使高、低压线距离降为0.6米左右，引起马某感应触电，高空坠落造成人身轻伤事故。

2. **案例解析**

（1）导致此次事故的直接原因。

1）人员的不安全行为。

①外包单位在整个施工过程中未征得甲方（供电公司）工作许可，未履行现场勘察制度、工作票制度的情况下，即开工作业。这是导致该事故的一个直接原因。

②在施工过程中，外包单位施工班组发现展放的低压导线与上跨的10kV线路可能不满足最小的安全距离时，未给予足够重视，施工人员不请示、不汇报，自作主张只是降下横担作一些简单的处理，没有彻底消除物的不安全状态。对施工中暴露出的问题、发现的安全隐患，未及时向甲方（供电公司）提出。加上放线工作结束后第三天，即3月29日，私聘人员马某在安装45号杆横担时对现场的危险点辨识不清，也未严格执行保证安全的基本技术措施（停电、验电、挂接地线）的情况下冒险登杆作业。这是导致该事故的另一个直接原因。

2）物的不安全状态。由于48号杆基础回填的回填土未夯实，施工不规范、质量差，造成50号杆向内角侧倾斜偏移，而使低压线弧垂上升，再加上当天气温偏高导致上跨的10kV线弧垂降低，两弧垂间的一升一降，造成高低压线安全距离不够，致使低压线有较高的感应电压。这是导致该事故的又一个直接原因。

（2）导致此次事故的间接原因（管理缺陷）。

1）劳动组织存在重大缺陷，让班组私聘人员从事作业环境复杂、易造成人身事故的工作。该人员未经过甲方（供电公司）的安全技术等资质审查，无起码的安全基本常识，安全意识淡薄。这是导致该事故特别重要的一个原因。

2）外包单位未制订保证工程施工安全的“四措一案”和开工报告，更未在开工前交给甲方（供电公司）审查。

3）外包单位工作负责人开工前未向全体施工人员进行安全技术交底并做好记录，未组织班前会；没有向全体施工人员交代带电部位和现场安全措施，也没有进行危险点告知，更没有履行确认手续。

4）施工人员安全意识不牢，危险点分析流于形式，未根据现场情况分析危险点之险，并据此采取行之有效的措施。

5）外包单位与供电公司双方现场交底不翔实，未突出危险点及重点工作，无双方签字的交底记录，并且设计查勘工作中也存在疏漏（设计图中无交叉上跨说明）。

6）未按《国家电网公司电力安全工作规程（配电部分）（试行）》中第3.5.4条的“*工作票签发人、工作负责人对有触电危险、检修（施工）复杂容易发生事故的工作，应增设专责监护人，并确定其监护的人员和工作范围*”的规定，增设专责监护人。

3. 防范措施

（1）在施工中严格执行保证安全的技术措施和有关安全规定。

按照《国家电网公司电力安全工作规程（配电部分）（试行）》第6.6.5条的要求，在带电线路下方进行交叉跨越档内松紧、降低或架设导线的检修及施工时，应采取防止导线跳动或过牵引的措施（如使用防跳动绝缘控制绳），以便与带电线路的距离满足下图所示的《国家电网公司电力安全工作规程（配电部分）（试行）》中表5-1要求的安全距离。

表5-1　邻近或交叉其他高压电力线工作的安全距离

电压等级（kV）	安全距离（m）	电压等级（kV）	安全距离（m）
10及以下	1.0	±50	3.0
20、35	2.5	±400	8.2
66、110	3.0	±500	7.8
220	4.0	±660	10.0
330	5.0	±800	11.1
500	6.0		
750	9.0		
1000	10.5		

并且，按照《国家电网公司电力安全工作规程（配电部分）（试行）》第6.6.4条要求，邻近带电线路工作时，人体、导线、施工机具等与带电线路的距离应满足表5-1的要求；作业的导线应在工作地点接地，绞车等牵引工具应接地。

同杆（塔）多回、平行、邻近或交叉线路作业时，为防止停电检修线路上感应电压伤人，至少应在工作区段的导体两端装设接地线。当磁感应严重时，还应视情况适当增挂接地线；在需要接触或接近导线工作时，应使用个人保安线，严禁以个人保安线代替接地线。

（2）加强对外包单位的管理。

1）严抓外包施工单位准入管理。甲方（供电公司）应严格选择外包单位的施工队伍，认真做好施工队伍资质审查工作。符合标准的施工队伍应具有相应的工程资质，并能保证工程质量及施工进度。

要求外包单位的施工队伍在具有相应工程资质的前提下，同时拥有良好的安全记录，严格按照配（农）网外包工程相关安全规定进行核查，保证施工过程符合相关规程要求，坚决杜绝资质不达标、安全管理差、施工力量薄弱的队伍参与到配（农）网改造建设中来。

2）建立开工报告制度，外包单位开工必须应有派工单。

3）强化对外包单位施工队伍的现场管控。外包单位在施工中严格执行工作勘察制度、工作票制度、工作许可制度、工作监护制度、工作间断、转移和工作终结制度等保证安全的组织措施，严禁无票作业。

4）为了做到事前对危险点控制的目的，要求外包施工队根据工程项目和现场勘察结果，认真编制施工方案。施工方案必须体现施工的具体步骤、期限、使用材料及施工方法。然后根据施工方案，制订施工现场的安全措施、技术措施及组织措施，并送供电公司相关安保部审核留存。

5）严把交底关，严格勘察设计。技术交底，不能流于形式，必须全面准确、突出危险点，规范填写勘察记录，甲乙双方应共同签字。

外包单位施工班组开工前必须对施工人员进行危险点告知和安全技术交底，所有施工作业人员应做到“四清楚”（作业任务清楚、现场危险点清楚、现场的作业程序清楚、应采取的安全措施清楚），确认后在工作票、危险点控制单上签字，不得代签，危险点不清楚的不上岗。

6）严把外包单位施工队伍现场的检查关，严肃查处现场违章行为。采用日常安全督察、飞行检查、专项监督三种方式对外包工程现场进行安全监督检查，对现场施工管理不到位的行为及时发出整改通知单，限期整改。外包单位不得将任何安全隐患移交到供电公司，坚决淘汰安全管理差、施工工艺差、人员素质差的“三差”队伍，努力提升劳务外包队伍安全管理水平，实现了外包作业现场安全的可控、能控、在控。

7）强化安全教育，严把培训关。对取得施工资质的外包人员及时进行“两票”规范、现场管理、安全知识培训，定期组织进行安规考试。针对外包队伍人员流动性强的特点，要求在每个发包项目开工前，都要组织一次安规考试，考试合格后方可施工作业。要求在全供电公司范围内，安全教育不得“内外有别”，所有外包人员与供电公司主业人员享有同等的安全教育权利。

【案例5】安全交底走过场，施工人员对工作任务、工作范围、危险点并不清楚，未核对线路名称、编号，不验电、不装设接地线，开工前擅自误登杆塔，致人触电轻伤。

1. 案例经过

某年9月22日，某供电所在某镇进行农网改造施工。当天施工单位办理了电力线路第一种工作票，当日主要工作是更换10kV

双发线 17 号、20 号、23～25 号、27 号、29 号杆 7 根 12 米电杆；更换 10kV 双发线 17～20 号杆导线。

得到许可后，工作班负责人罗某于上午 7：00 左右到达工作现场，并组织全体工作班成员列队宣读工作票，进行了施工安全技术交底和班前会工作。

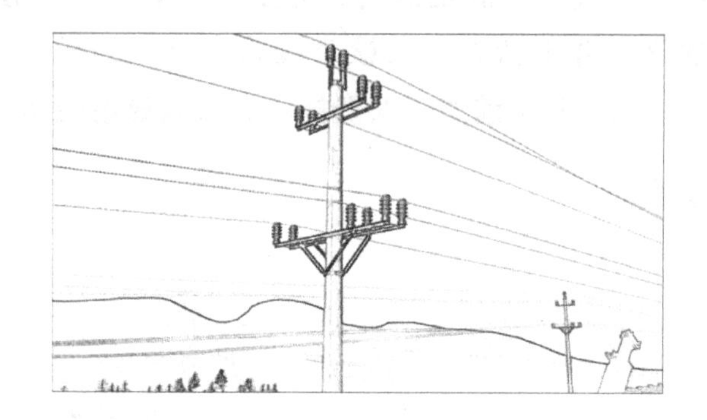

他强调，“10kV 双发线 22 号杆与 10kV 沱江线同杆架设并临近带电的 10kV 德坝线，严禁登杆作业”。全体施工人员进行了安全交底签字，并进行了工作分工。工作人员分两组：立杆组和放线组。但是，罗某未将安全责任落实到每个工作班成员身上，安全交底未确认每个工作班成员都已知晓。

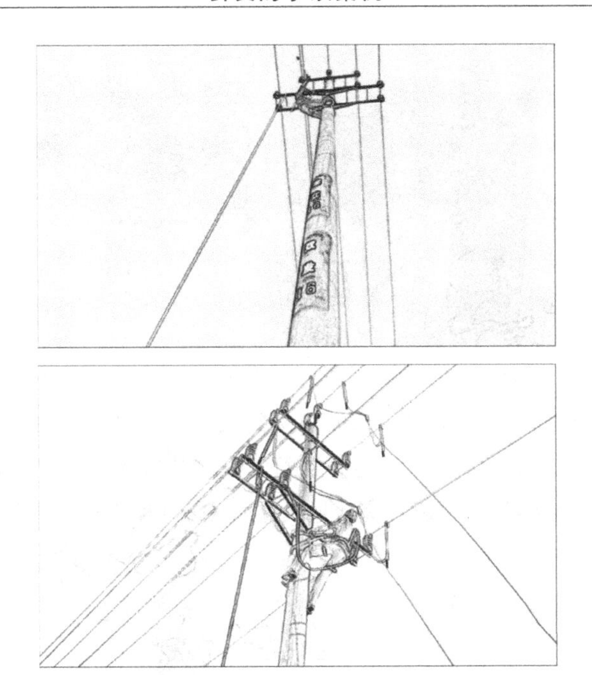

7：10 左右，工作票签发人江某和工作班成员龚某在 16 号杆对 10kV 双发线及 10kV 沱江线进行了验电，并在此处挂接 10kV 接地线两组。

接地线挂完后，罗某（工作班负责人）、张某、龚某、刘某、卫某、黎某乘车准备到 10kV 双发线 30 号杆挂接另两组 10kV 接地线。

当路过10kV双发线20号杆时，车辆在路边停下，工作负责人罗某指派刘某跟随吊车立杆，指派黎某到双发线19号杆准备变台工作，指派卫某到10kV双发线20号杆进行立杆、放线的准备工作，并交代“等我们到双发线30号杆挂完接地线返回后，才能进行工作”。

罗某等在30号杆挂完接地线返回途中，罗某接到“有人触电”电话后，立即赶往出事现场。

到达现场时看到卫某误登带电10kV德坝线20号杆，面向西坐在10kV德坝线20号杆的上层横担上，脚踩在下层横担上，因下层导线带电，对其脚部放电，造成左脚外侧轻度电击伤。10kV德坝线20号杆为上下两层转角横担。上层横担与原德坝线导线连接，原德坝线为废弃线路不带电。下层横担与新10kV德坝线导线连接，新10kV德坝线带电。

2. 案例解析

(1) 伤者卫某被指派到10kV双发线20号杆进行放线、立杆的准备工作，在无人监护的情况下，误走到与10kV双发线临近并带电的10kV德坝线20号杆下。在现场安全技术措施还未落实、未得到许可工作的命令、现场无人监护、未核对线路名称和杆号的情况下；盲目上错杆，是造成该事故的主要原因。

(2) 供电所安全管理松懈，职工安全意识淡薄，执行规章制度不严，习惯性违章未得到有效治理。

(3) 工作负责人安全注意事项交代不明确、不具体。

(4) 施工作业现场危险点分析及控制措施执行不力，安全交底不全面、不透彻、流于形式、走过场，卫某（伤者）对工作任务及工作范围并不清楚。

(5) 卫某（伤者）自我保护意识差，未经工作负责人许可、无任何安全措施、无人监护的情况下擅自开始工作。

(6) 现场无人监护。

(7) 对职工的安全教育不到位。

3. 防范措施

(1) 复杂作业前工作负责人要先勘查现场，要严格执行现场勘察制度，必须清楚和明确工作任务、作业范围和施工方法，并根据作业类型、方法、人员、工器具、环境等，制订危险点预控措施。

（2）开好班前会。工作负责人向作业人员现场交底，做到“四清楚”（即作业任务清楚、现场危险点清楚、现场的作业程序清楚、应采取的安全措施清楚），还要解答作业人员对工作的所有疑问。班前会工作负责人应把工作任务、安全责任具体分配落实到每一位作业人员身上，对不同工作分别进行技术交底。特别是对于多班组地点工作的情况，应在班前会上指定合格专责监护人，并交代所履行的责任。

（3）对有触电危险、施工复杂、容易发生事故的工作和地段，应增设专责监护人和确定被监护的人员。登杆作业必须两人进行，一人作业，一人监护。在监护人员与作业人员共同核对工作票上所列线路名称和杆号与现场待登杆塔名称一致后，方可开展登杆作业工作。

（4）进行安全生产整顿，查找管理及人员、设备等方面存在的漏洞和隐患，制订整改措施。

（5）加强对工作人员的培训，提高职工业务素质和安全意识。

三、违反“十不干”第三条“危险点控制措施未落实的不干”引发的事故案例

“十不干”第三条释义：采取全面有效的危险点控制措施，是现场作业安全的根本保障；分析找出的危险点及预控措施，也是“两票”“三措”等的关键内容。在工作前向全体作业人员告知相关内容，能有效防范可预见的安全风险。

运维人员应根据工作任务、设备状况及电网运行方式，分析倒闸操作过程中的危险点并制订防控措施；操作过程中应再次确认相关措施落实到位。

工作负责人在工作许可手续完成后，组织作业人员统一进入作业现场，进行危险点及安全防范措施告知，全体作业人员签字确认。

在作业过程中，全体人员应熟知各方面存在的危险因素，随时检查危险点控制措施是否完备、是否符合现场实际。危险点控制措施未落实到位或完备性遭到破坏的，要立即停止作业，按规定补充完善后再恢复作业。

【案例6】未按规定运输装卸电杆，施工现场未辨识出作业过程中的危险点，未采取相应的控制措施，致电杆滚落伤人。

1. 案例经过

某年4月28日，某电气安装公司进行线路改造准备工作。当时，班长牛某负责组织某班组从汽车上卸下12米水泥杆的工作。

班组成员马某盲目登上装运电杆的货车作业。

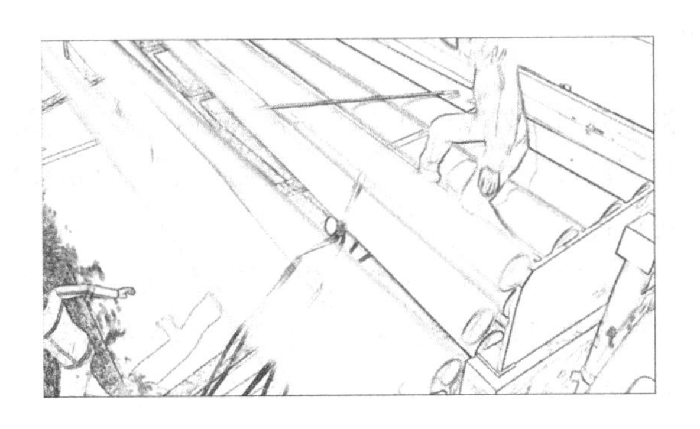

当打开货车栏板、松开绑扎电杆的钢丝绳时，电杆突然滚落，站在电杆上的马某左脚被滚动的电杆夹住，之后随电杆滚落到地面。马某受伤，之后左小腿被截肢。

2. 案例解析

（1）现场作业人员没有辨识出作业过程中的危险点，更谈不上据此制订防止电杆滚动的控制措施并落实到位。对绑扎的水泥电杆松捆时，未按顺序逐根进行（每卸一根，应防止其余杆件滚动），而是一次全部松捆，导致电杆从货厢一侧滚下。站在电杆上马某的左脚被滚动的电杆夹住，之后滚落地面受伤。

（2）每层电杆之间未用方木隔开，为事故埋下了隐患。

（3）班员马某自我保护意识差，作业现场的风险辨识差及风险防范能力弱。装卸笨重的水泥杆时，未辨识出作业过程中的风险，更未采取相应的防范措施。

（4）外包单位临时招工而未向供电公司上报人员名单，未进行安全教育培训，也未进行安规考试。受伤人员与外包单位在供电公司的注册名单不符。

3. 防范措施

（1）供电公司与外包单位签订安全协议时，明确要求外包单位针对施工和运输过程中的主要危险点，制订专门的安全技术方案，报供电公司审批。

（2）电杆运输前应制订运输方案和安全控制措施，对电杆装卸过程中存在的危险点进行分析及防范。对装卸人员进行相关知识培训，告知安全注意事项，防止散堆伤人。

（3）装运电杆的具体措施如下：

1）汽车装运电杆时，车上应设置专用支架，整体的杆材重心应落在车厢中部。严禁杆材超出货厢两侧。没有专用支架时，杆材应平放在货厢内，杆根向前，杆梢向后，杆材伸出车身尾部的长度应符合交通部门的规定。

2）如用其他运输车辆运送电杆，应用绳索捆绑撬紧，保持车辆平衡。卸车时，应用木枕或石块挡住前后车轮。

3）卸货时，车辆不得停在有坡度的路面上，并采用跳板或圆木装卸，使用绳索控制电杆的方法（不得抛掷）；电杆松捆时必须按顺序逐根进行，不得全部松开，以防电杆从车厢两侧滚下，每卸一根，其余电杆应掩牢；卸完所需电杆，剩余电杆应绑扎牢固，方可继续运输。

4）堆放时，应使杆梢、杆根各在一端排列整齐平顺。杆堆底部两侧必须用短木或石块堵挡，堆完后应用钢丝绳捆牢。堆放时，木杆不得超过六层，水泥杆不得超过两层。

（4）运输及装卸工作必须指定专人来负责安全。电杆的滚落方向上不得站人，运输及装卸过程中要防止重心偏斜。

（5）规范安全管理制度，督促施工人员严格贯彻，加大对施工现场的安全检查力度，对违章工作进行严肃查处。

【案例 7】未进行现场勘察，工作票所列安全措施不完备，与现场实际严重不符，施工现场发现的危险点未采取任何补充安全措施，致多人触电伤亡。

1. 案例经过

某年 4 月 20 日某县高平供电所组织进行针对因台风受损较重的 10kV 东丰 632 线丰华支线 1～8 号杆的横担及导线的更换及消缺工作。

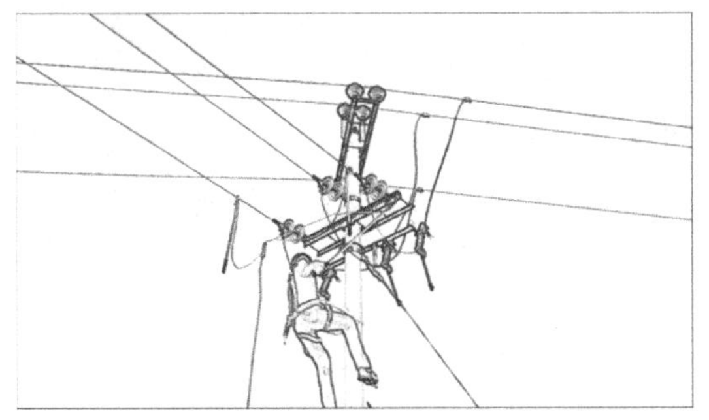

10kV 丰华支线 T 接于 10kV 东丰 7 号杆。施工前，供电所负责人委派该线路专责人谢某进行现场勘察（后发现谢某根本未进行现场勘察），之后谢某填写了工作票，供电所副所长张某签发了工作票，唐某为工作负责人。当天，工作班人员按工作票要求，拉开 10kV 东丰 632 线 7 号杆丰华支线高压熔断器，在工作地段两端（丰华支线 1 号杆和 8 号杆）装设接地线。

安全措施布置完后，开始换线工作。换线采用以旧导线带新导线的方法，在 8 号杆侧放线，在 1 号杆侧收线。

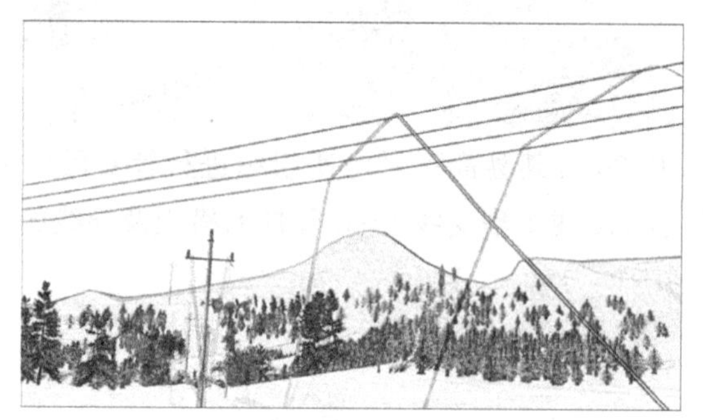

由于丰华支线 7 至 8 号杆线下有一运行中的农排线路，在 7、8 号杆作业的人员虽然发现了该档内跨越的低压线路，但未采取安全措施，也未向工作负责人报告。

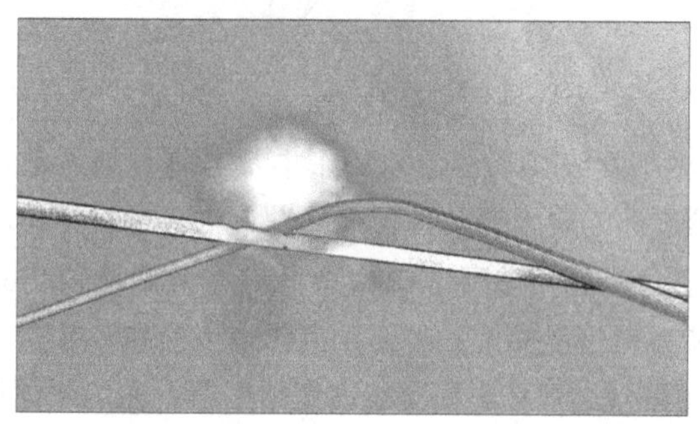

在进行换线导线牵引过程中，该农排线路的边线相线绝缘层被磨破（该边线为塑料铝芯线）。

接触后使换线导线带电，从而使导线牵引人员及线盘处放线人员突然集体触电，造成3人死亡、2人轻伤的重大事故。

2. 案例解析

（1）展放的导线与带电的农排线路的塑铝线发生摩擦，农排线路的塑铝线绝缘层被磨破，使正在拖线的人员触电伤亡。

（2）违反了安全距离和采取安全措施的相关规定。展放的导线与带电的农排线路交叉邻近，既没有对该农排线路采取停电、验电、挂接地线的安全措施；也没有采取有效措施，使人体、导线、施工机具等与带电的导线符合下图所示的《国家电网公司电力安全工作规程（配电部分）（试行）》中表5-1要求的安全距离；也没有采取防止塑铝线损伤的措施。

表 5-1 邻近或交叉其他高压电力线工作的安全距离

电压等级（kV）	安全距离（m）	电压等级（kV）	安全距离（m）
10 及以下	1.0	±50	3.0
20、35	2.5	±400	8.2
66、110	3.0	±500	7.8
220	4.0	±660	10.0
330	5.0	±800	11.1
500	6.0		
750	9.0		
1000	10.5		

1）违反了《国家电网公司电力安全工作规程（配电部分）（试行）》的如下规定：

“6.6.3 若停电检修的线路与另一回带电线路交叉或接近，并导致工作时人员和工器具可能和另一回线路接触或接近至表 5-1 安全距离以内，则另一回线路也应停电并接地。若交叉或邻近的线路无法停电时，应遵守 6.6.4～6.6.7 条的规定。工作中应采取防止损伤另一回线路的措施。”

2）违反了《国家电网公司电力安全工作规程（配电部分）（试行）》的如下规定：

“6.6.6 停电检修的线路若在另一回线路的上面，而又必须在该线路不停电情况下进行放松或架设导线、更换绝缘子等工作时，应采取作业人员充分讨论后经批准执行的安全措施。措施应能保证：

（1）检修线路的导、地线牵引绳索等与带电线路的导线应保持表 5-1 规定的安全距离。

（2）要有防止导、地线脱落、滑跑的后备保护措施。”

（3）工作负责人未认真履行其安全责任，严重违反了《国家电网公司电力安全工作规程（配电部分）（试行）》的如下规定：

“3.3.12.2　工作负责人……

（2）检查工作票所列安全措施是否正确完备，是否符合现场实际条件，必要时予以补充完善”

对工作区域内跨越有低压农排线路的情况，工作负责人没有采取补充安全措施，导致安全措施存在重大漏洞就组织放线施工。

（4）现场危险点控制措施未落实，违章冒险作业。对现场发现的危险点，在没采取任何补充安全措施、现场无人监护的情况下，冒险作业。这是导致此次事故的一个重要原因。

（5）工作许可人，没有到现场检查现场所采取的安全措施是否符合现场要求，未能及时发现被交跨的处于运行中的农排线路。

（6）工作前，线路专责人谢某未按领导委派进行现场踏勘，就填写了工作票（工作票上未显示丰华支线 7 至 8 号杆跨越农排线路），工作票所列安全措施与现场实际严重不符，未能及时发现丰华支线 7 至 8 号杆跨越农排线路这一重大安全事故隐患，更未采取相应安全控制措施。

总体来说，问题出在以下三大方面：

1）在 10kV 丰华支线 7、8 号杆作业的人员，发现了该档内跨越的低压线路，但未采取安全措施，也未向工作负责人报告；工作负责人、工作许可人，没有到现场检查现场所采取的安全措施是否符合现场要求，未能及时发现被交跨运行中的农排线路。以上人员均未能把好关并采取补充控制措施，反映出高平供电所安全管理存在严重漏洞，安全工作流于形式，未按规定对施工现场进行安全检查，监督管理不到位；工作人员安全意识淡薄，自我安全防护能力不强。

2）安全生产管理不善，未严格执行现场勘察制度。施工前的现场勘察是否履行，是否做到位，均无人过问。危险点分析不全面，工作负责人未认真履行其安全职责。安全措施有极大纰漏，对施工地段跨越的运行的农排线路未能采取补充控制措施。

3）现场图样资料及变更管理制度不够完善，安全责任落实不力，造成车间、班组现场在用配电线路运行资料与现场实际情况不符，调度和运行部门配电网低压杆线图和双电源、自备电源及交叉跨越资料不够翔实。

3. 防范措施

（1）在工作票签发前，工作票签发人和工作负责人要共同到施工现场进行踏勘。现场踏勘不到位的，一律不得开工。

（2）根据现场勘察结果，依据作业的危险性、复杂性和困难程度，合理制订安全、组织、技术措施和施工方案；危险点控制措施未落实到位或完备性遭到破坏的，要立即停止作业，按规定补充完善后再恢复作业。

（3）严格执行安规，认真交底，严格执行“两票”制度及现场规程、规定。对于线路运行较为复杂的（如有交叉跨越等），工作票的备注栏中画有施工简图或另附施工简图。严格规范各类人员的作业行为，坚决遏制习惯性违章。

（4）加强施工现场人员管理，对进入作业区域内人员，要求做到“四清楚”“四到位”，即工作任务清楚、作业危险点清楚、作业程序清楚、安全应对措施清楚，以及人员到位、措施到位、执行到位、监督到位。对不清楚、不了解的工作，提出疑问未得到解答可以拒绝进行此工作。

（5）工作前必须对所有有来电可能的各侧做好停电、验电、挂接地线工作，包括工作区域低压设备的接地。

（6）涉及交叉跨越线路的，必须采取以下可靠的安全措施后方可施工：

1）按照《国家电网公司电力安全工作规程（配电部分）（试行）》中第6.6.3条的要求，若停电检修的线路与另一回带电线路交叉或接近，并导致工作时人员和工器具可能与另一回线路接触或接近至《国家电网公司电力安全工作规程（配电部分）（试行）》中表 5-1 要求的安全距离以内，则另一回线路也应停电并接地。

2）若交叉或邻近的线路无法停电时，应遵守《国家电网公司电力安全工作规程（配电部分）（试行）》中第 6.6.4～6.6.7 条的规定。工作中应采取防止损伤另一回线路的措施。在带电的高低压线路上方进行放、撤线工作时，应采取搭设牢固可靠的跨越架等防止由于欠牵引导致导线接触、接近带电线路的措施；紧线时，应采取防止因导线滑脱而落在带电导线上的措施。

3）在带电的高低压线路平行或交叉下方进行放、撤线、紧线工作时，应采取有效措施防止导线发生过牵引。

（7）全面落实全员安全生产责任制，加大现场安全生产规章制度的执行力，加强生产现场的安全管理与监督。

（8）强化运行资料管理，确保资料的及时性、准确性、全面性、唯一性。结合生产管理系统，逐步统一各类资料的格式和管理流程，实现程序化、标准化。

【案例 8】无票作业，危险点重视不够，未采取相应的控制措施，与带电导线距离不够，致人被电弧烧成重伤。

1. **案例经过**

某年4月28日，某外包单位某市通联设备安装有限公司劳务施工人员，按照工程施工组织计划和当日派工单，进行马王线不停电ADSS光缆施工。

外包单位劳务施工人员陈某为10kV王福线7号杆上工作人员，何某为杆下监护人。上午10：10左右，两人共同完成在杆上8米处挂定滑轮任务。

陈某挂好滑轮后，弯腰取下安全带，起身准备下杆的瞬间，头顶弧光一闪当即从杆上摔在地上。现场人员将其送到附近某区第一人民医院进行救治，经CT、B超等检查确诊无生命危险后，转至某大型部队医院进一步检查治疗。此事故造成了陈某身体部分（面下部、手脚）电弧烧伤、右胯骨折的人身重伤事故。

2. **案例解析**

(1) 施工人员陈某违反《国家电网公司电力安全工作规程（配电部分）(试行)》中第6.4.8条的规定：“*放、撤导线应有人监护，注意与高压导线的安全距离，并采取措施防止与低压带电线路接触。*”

施工时，未能与带电导线保持足够的安全距离，导致高压线对人体放电。这是造成该事故的直接原因，也是主要原因。

(2) 监护人监护不力，未负起监护责任。

(3) 施工队伍现场安全管理混乱，无票作业。开工前工作负责人许某对施工危险点重视不够，虽然对安全工作进行了强调，但内容宽泛，没有针对性；未按规定对施工人员进行详细的安全技术措施交底，对安全技术措施的执行不力。

(4) 陈某本人缺乏应有的登高施工技术及技能，安全意识淡薄。

(5) 现场作业班组劳动组织有缺陷。安排工龄不足一年、经验不足的施工人员从事易造成人身事故的工作（邻近带电线路作业)。

(6) 安全监督监管不力。

3. **防范措施**

(1) 严格工作票制度，严禁无票作业。

(2) 加强对施工队伍及人员的安全考核，与外包单位依法签订合同和安全协议，明确双方各自承担的安全责任并报本单位安监部门审查。

(3) 加强对外包单位的现场日常安全监督、检查与管理，及时清退不符合安全要求的队伍和人员。

（4）生产、施工中要严格贯彻、落实电力安全生产的规程、规定、制度，特别要把“两票”、危险点分析和控制措施、工作监护制度、班前班后会制、开工前“三交代”“三检查”，以及对劳动作业环境管理制度等制度落到实处，提高施工人员的安全意识和自我保护能力，坚决杜绝违章作业和违规操作。

1）复杂作业应组织现场勘察。现场勘察应明确工作内容、停电范围、保留带电部位、停电设备范围等，应查看交叉跨越、同杆架设、邻近带电线路、反送电等作业环境情况及作业条件等。根据现场勘察结果，对施工过程中可能引发事故的危险点进行分析，并编制“四措一案”和开工报告。

2）开工前，进行全面的安全技术交底。工作负责人要向全体施工人员交代施工作业危险点及控制措施，交底一定要全面、到位、不留死角，并保存好交底记录资料。

3）对现场安全技术交底的作业内容、现场作业程序和存在的危险点及控制措施，施工人员要做到心中有数。工作负责人对施工人员现场提问，确认明晰问题后，方可开始施工作业。

4）按照《国家电网公司电力安全工作规程（配电部分）（试行）》中第 6.6.4 条的要求，邻近带电线路工作时人体、导线、施工机具等与带电线路的距离应满足《国家电网公司电力安全工作规程（配电部分）（试行）》中表 5-1 的规定，作业的导线应在工作地点接地，绞车等牵引工具应接地。

5）临近带电体作业要有效地控制作业人员的行为，作业人员活动范围及所携带的工具材料应保持与带电体最小安全距离，不得采用限制作业人员肢体活动的方式来满足安全距离要求。

6）监护人应按照《国家电网公司电力安全工作规程（配电部分）（试行）》中第 3.3.12.4 条的如下要求：

“（2）工作前，对被监护人员交代监护范围内的安全措施、告

知危险点和安全注意事项。

（3）监督被监护人员遵守本规程和执行现场安全措施，及时纠正被监护人员的不安全行为。”

监护人要认真履行职责，不得参与其他工作，时刻提醒作业人员与带电导线保持安全距离。

（5）从外包单位施工队伍准入源头抓起，认真开展内外无差别化的安全教育培训；严格持证上岗制度，对无证上岗的要严肃查处。

【案例9】电缆新装（更换）作业时，危险点控制措施未落实，电缆实验后未充分放电，致人触电重伤。

1. 案例经过

某年2月23日，某供电公司对10kV浦高线高八支线的某条10kV故障电缆进行更换工作，制造好新电缆两端的终端头，并做了绝缘电阻和耐压试验。

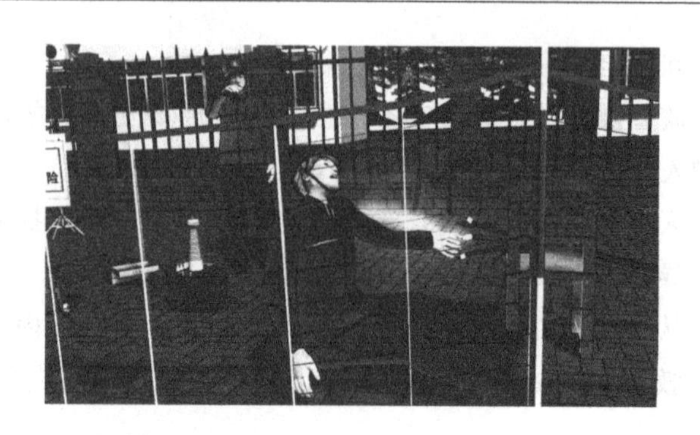

新工人马某未经试验负责人李师傅同意，徒手解除电缆头上的一引线夹子。就在手触及引线夹子一瞬间，电缆头上残留的高压电荷将其电伤。

2. **案例解析**

(1) 违反《国家电网公司电力安全工作规程（配电部分）（试行）》中第 12.3.5 条的规定：“*电缆试验结束，应对被试电缆充分放电，并在被试电缆上加装临时接地线，待电缆终端引出线接通后方可拆除。*”

人员未对被试电缆进行充分放电就徒手拆除电缆头上引线夹子，是此次事故的直接原因和主要原因。

(2) 新工人马某安全防护意识不强，在未征得试验工作负责人的指令，擅自拆除试验接线是此次事故的间接原因。

(3) 现场监护人未及时发现并阻止擅自作业行为，高压试验负责人没有起到监护作用，没有时刻监护工作人员的不安全行为。

3. **防范措施**

(1) 在作业过程中，电缆试验全体人员应熟知电缆试验各方面存在的危险因素，随时检查危险点控制措施是否完备、是否符合现场实际；危险点控制措施未落实到位或完备性遭到破坏的，要立即停止作业，按规定补充完善后再恢复作业。

1）电缆试验前，应对被试电缆充分放电；作业人员应戴绝缘手套，穿绝缘鞋（靴）。

2）在电缆试验过程更换试验引线时，应对被试电缆（或试验设备）充分放电；作业人员应戴绝缘手套，穿绝缘鞋（靴）。

3）电缆试验结束后，应对被试电缆充分放电，并在被试电缆上加装临时接地线，待电缆尾线接通后才可拆除；作业人员应戴好绝缘手套，穿绝缘鞋（靴）。

（2）任何人发现有违反安规的情况，应立即制止，现场监护人要全程监护，杜绝一切违章行为的发生。

被试的大电容设备（如母线、电缆、电容器等及有静电感应的设备）停电后，以及高压直流试验每告一段落后，都必须进行充分放电或接地，证实被试设备确不带电后，才能工作。由于这些设备的残压或感应电压高，放电时须使用绝缘棒。这样也可以防止误碰到运行中的带电设备。有的单位不注意放电或接地，而导致了触电事故。

根据电缆工作的特点，电缆线路工作人员除须遵守《电业安全工作规程》外，还需特别注意一点：电力电缆具有一定电容量，具有充放电特性，电缆停电后接地前、电缆耐压试验和测量绝缘电阻前后，都要对电缆逐相充分放电。

如何对电缆充分放电呢？具体方法如下：

1）用专门的试验用放电的放电棒。放电棒的端部为接地线，手拿棒的位置和接地线的位置要满足安全距离。接地线一端牢固接地，另外一端用放电棒牵引着接触电缆带电位置几秒钟就可以了。

2）直接用导线的一端先牢靠接地，另一端去碰触电缆的各相，直到碰触瞬间无放电火花即可！

四、违反“十不干”第四条“超出作业范围未经审批的不干”引发的事故案例

“十不干”第四条释义：在作业范围内工作，是保障人员、设备安全的基本要求。

擅自扩大工作范围、增加或变更工作任务，将使作业人员脱离原有安全措施的保护范围，极易引发人身触电等安全事故。

增加工作任务时，如不涉及停电范围及安全措施的变化，现有条件可以保证作业安全，经工作票签发人和工作许可人同意后，可以使用原工作票，但应在工作票上注明增加的工作项目，并告知作业人员；如果增涉及变更或增设安全措施时，应先办理工作票终结手续，然后重新办理新的工作票，履行签发、许可手续后，方可继续工作。

【案例10】擅自扩大工作范围，不仔细核对现场运行方式，致人触电重伤。

1. 案例经过

某年4月22日，某电力有限责任公司配电工程分公司安排线路班进行10kV刘石线89号杆后新立电杆一基T接香草园开发公司1×630kV·A配变施工作业。上午9：30左右，工作人员到达工作现场。

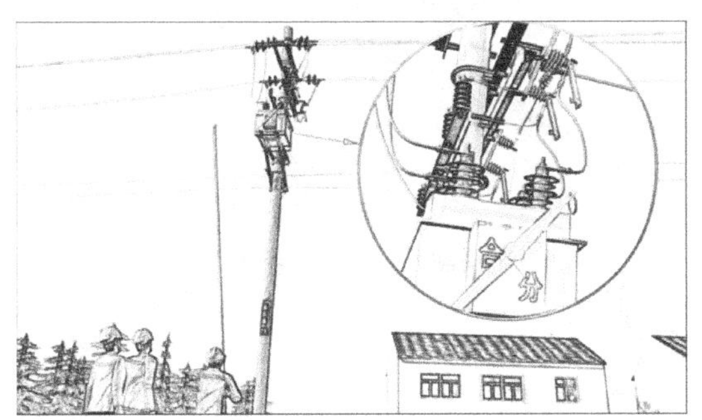

10：20左右，线路值班室当值值班员向该配电工程分公司线路班江某（工作负责人，线路班班长，双创公司职工）交代已拉开10kV刘石线75号杆断路器及隔离开关（俗称刀闸），10kV刘石线75号杆后段可以工作。

工作前一天配电工程分公司工程专责谭某（工作票签发人）临时要求在停电范围内装设验电接地环一组，但没有写在工作票上。由于10kV刘石线72～89号段线路为绝缘线，谭某认为可装设验电接地环以方便之后检修线路。

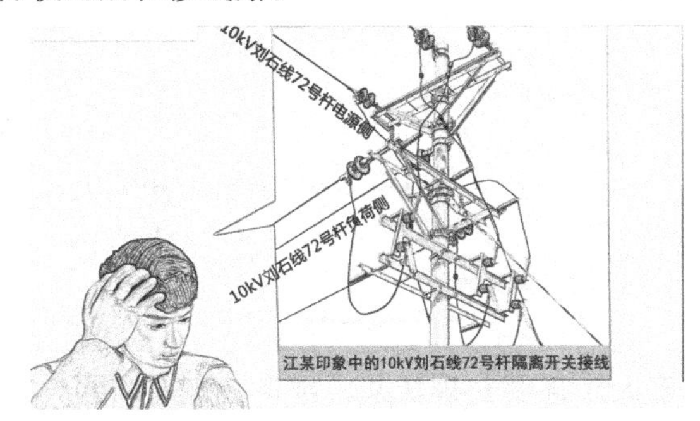

工作负责人江某未到现场查勘，凭印象自认为只要刘石线72号杆隔离开关在断开位置，刘石线72号杆后段便不带电（即认为

73 号杆不带电）。

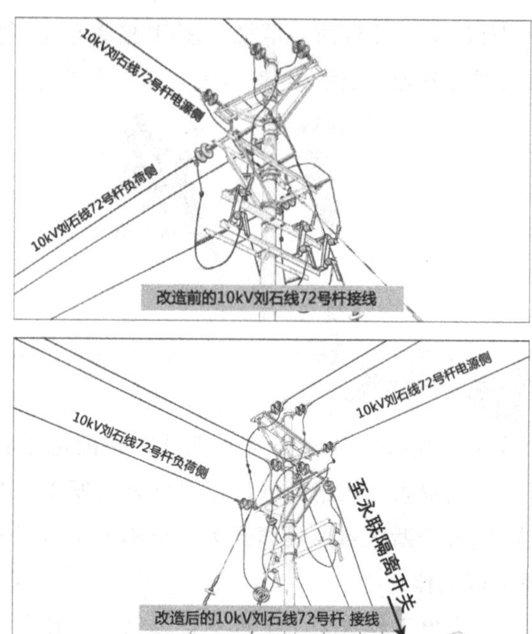

改造前的10kV刘石线72号杆接线

改造后的10kV刘石线72号杆 接线

事实上此线路已经改造，72 号杆隔离开关实际上已是刘石线与刘永线的联络隔离开关，对刘石正线 72 号后段不能起到断开作用。

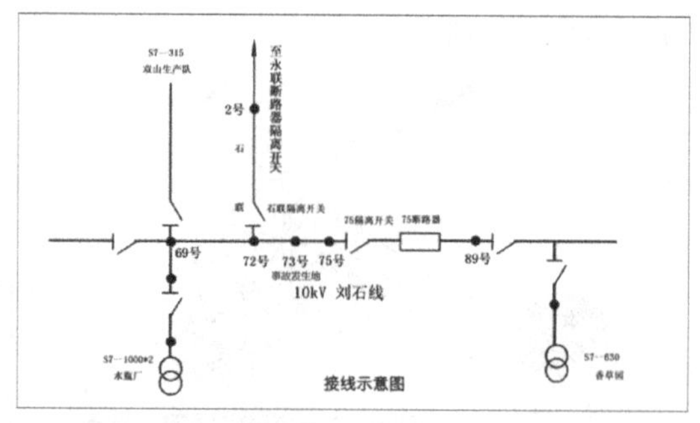

接线示意图

工作负责人江某便安排汪某、蒋某（伤者，男，36 岁，某公司职工）到刘石线 72 号杆处检查隔离开关是否在断开位置。若隔离开关已断开，就在刘石线 73 号杆装设验电接地环并装设接地线。

同时，工作负责人江某安排另外四名工作人员到 89 号杆验电，装设接地线并拆除原隔离开关，作立杆前的准备工作。

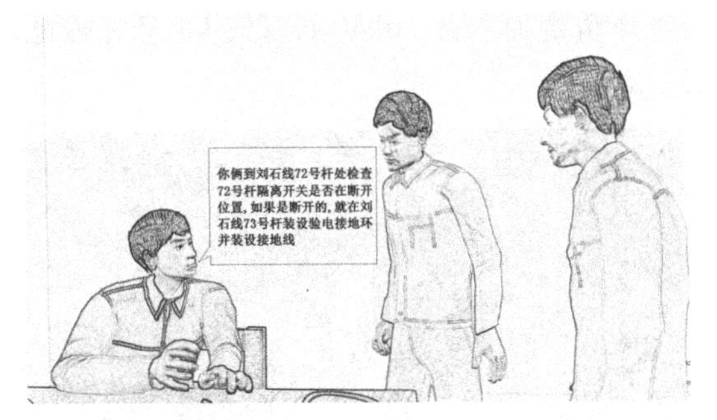

汪某与蒋某到 10kV 刘石线 72 号杆，经查看隔离开关在断开位置，便用对讲机向工作负责人江某汇报刘石线 72 号杆隔离开关是断开的。

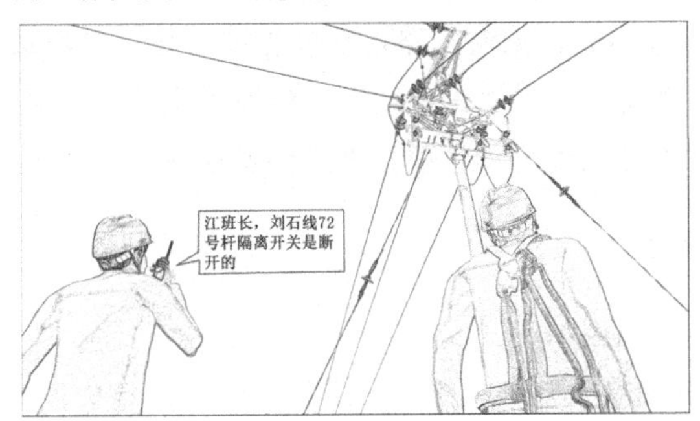

10：35 左右，蒋某在汪某的监护下登上 10kV 刘石线 73 号杆，系好安全带，双脚踩在横担上，左手抓住中相导线，右手握刀割线。

当导线的绝缘层割破时，带电导线通过蒋某右手及双脚对地放电，蒋某双脚及右手被灼伤，被电击后身体倒挂在杆上。监护人汪某立即告知工作负责人江某10kV刘石线73号杆带电，蒋某被电击，需要马上施救。

10：40左右，江某向线路值班室汇报10kV刘石线73号杆带电，并有人触电，需马上停电救人。线路停电后，江某立即组织施救，并送往附近医院简单处理，之后伤者送往医院救治。

2. **案例解析**

（1）主要原因如下：

1）工作负责人江某（线路班班长）工作严重失职、违章指挥，对于临时增加的工作任务，未按规定重新开工作票，擅自扩大工作范围，严重违反工作票制度。

2）工作负责人江某没有履行应有职责，工作不严谨细致，全凭经验办事，不到现场实地查勘，对10kV刘石线72号杆运行状况不了解，自作主张按三个月前线路未改造时的运行方式在线路上工作。

3）班组人员汪某、蒋某违章作业，明知扩大了工作范围，并清楚75号杆前段是带电的，但未提出反对意见，不认真履行班组成员的安全职责。工作负责人安排2人到现场检查72号杆隔离开关运行情况，汪某、蒋某不仔细核对现场线路运行方式，造成误判，盲目误登带电的73号杆，造成触电受伤。

4）擅自增加的工作地点未在接地保护范围内。

（2）次要原因如下：

1）安全技术交底不认真，安全意识淡薄。

2）配电工程分公司工程专责谭某安排的工作内容脱离现场实际，工作随意性大，临时增加工作内容并未按规定填用新的工作票，并重新履行工作许可手续。安排工作、现场查勘和施工现场安全技术交底，做得不到位。

3）配网工程设计不足。在开展设计工作的过程中，并没有从长远的角度出发，是按照短期目标执行的，造成了疏漏；在绝缘配电线路上未按规定安装验电接地环，导致工程遗留问题，进而形成安全隐患。

4）线路班工作人员安全意识淡薄，人员安全责任心不强，安全生产技能和自我保护能力低下，班前会已明确施工范围，保留的带电部位，分配工作任务时对扩大施工范围均未提出反对意见和有效制止，对违章指挥视而不见。

5）配电工程分公司工程管理不力，工程项目变化后没有安排进行工程管理、资料移交，导致配电线路运行方式变更而资料未及时更新。没有督促专责人员及时到施工现场监督，对员工的安全教育培训不够，员工安全意识不高、安全技能欠缺、盲目服从的问题严重。

6）该电力有限责任公司下达的用户工程时间紧、任务重，为满足客户要求而提前施工计划时间，但相应的安全监管不到位。

（3）暴露的问题。事故反映出施工人员对安规和工作票制度等相关制度的执行流于表面，具体执行时工作不到位，无视安全规程和各项规章制度，做事仍然存在想当然的问题，工作负责人、作业人员责任心不强、安全意识淡漠。该事故暴露出了安全生产存在以下几个方面的问题：

1）工作负责人，安全意识淡薄、做事想当然、不负责任、随意性大、违章指挥。违反了《国家电网公司电力安全工作规程（配电部分）（试行）》的相关规定，没有正确、安全地组织工作，施工现场工作票制度执行不力，工作地点超出工作票所列停电范围，技术交底只照本宣读、流于形式，没有到实地查勘，不了解运行方式。工作负责人（班组长）带头违规违纪，漠视最基本规程制度的执行，没有起码的责任心和职业素质，造成所在班组工作作风涣散，现场工作有章不循、有令不止、我行我素。

2）作业人员，自我保护、相互保护的安全意识不强。违反了《国家电网公司电力安全工作规程（配电部分）（试行）》的相关规定，对扩大工作范围后增加的工作，在安全措施、危险点不明确，也未履行新的工作许可手续的情况下，未提出任何反对意见，班组安全员、监护人也未作任何提醒，暴露出对各自的安全职责不清楚，未认真执行各项管理制度，盲目施工，监护人责任心不强，群防意识差。

3）现场执行工作票、派工单流于形式，工作票上的安全措施成了一纸空文。施工人员对未列入工作票、派工单的工作，没有提出任何疑问，暴露出盲目听从指挥，对违章情况视而不见。

4）危险点分析、预控不到位，安全措施考虑不周。配电安规中的“技术措施”在现场执行不力，对增加的工作没有进行危险点分析，更谈不上通过危险点分析将危险因素分析到位，制订并实施有针对性的防范措施。做事凭经验，安全措施落实不到位，是严重的习惯性违章。

5）作业人员存在麻痹情绪，消极地对待各种规章制度，对10kV线路运行方式不了解，自作主张，凭经验办事，凭印象开展工作，暴露出作业人员业务素质不高，对线路运行方式不熟悉、学习掌握不够，对作业人员技术培训、技术管理不到位，安全管理有待进一步提高。

6）配电分公司工程管理混乱，违反《某供电公司配网建设与改造在技术导则》，没有在线路耐张杆处（73号杆是直路杆）加装验电接地环；技术交底不到位，没有对施工计划进行彻底交底，交底不认真；工程项目负责人变更后，未进行工程资料移交。

7）配电分公司安全思想教育不重视，职工习惯性违章现象不能得到有效整治。安全管理上缺乏严、细、实的工作作风；对职工安全教育严重不到位，不能做到自上而下灌输与自下而上的落实的互动，安全责任压力不能全部传递到每一位职工，部分职工自觉贯彻规章的意识较差；配电分公司对违章、违规行为置若罔闻，安全管理失职；配电分公司对职工的安全技能培训，浮于表面；职工的安全思想麻痹、安全意识淡薄，对工作一知半解，凭经验办事，对班组长和技术员的盲从心理严重。

8）该电力有限责任公司工程管理不力。未树立正确的安全管理理念，为满足客户要求，盲目追求速度、效益，施工日期比原计划提前五天；相关管理人员现场监督管理不到位，对工作现场无施工计划，无配网单线图的情况未及时发现，为本次事故埋下了安全隐患。

9）供电公司安全思想教育培训不到位。各部门、车间对班组作业人员安全技术培训不具体，缺乏长期有效的教育计划；对生产技术、一般安全技术的培训和专业安全技术的训练，缺乏针对性；对于供电公司的安全教育，基本以文件等形式命令所属部门组织统一学习；对所在班组的工作性质、危险点和设备安全防护，没有制订详细可行的培训计划。

10）职工安全思想不牢、缺乏经常性的安全思想教育、对安全生产重视不够、综合能力与素质较差的状况，未得到明显改善。该事故暴露出安全管理、教育培训、思想教育流于形式，依然存在“三多三少”的现象（注重培训形式多、讲究实际效果少，普通职工受教育多、领导干部受教育少，反面警示教育多、正面典型教育少），未采取有效的防范措施，避免各类安全事故的出现。

3. 防范措施

（1）全面落实各级人员安全生产责任制和职责，要落实到日常的工作管理中，落实到各部门、各岗位和每个人强化现场安全生产规章制度的执行力上，加强生产现场的安全管理与监督，严格执行现场勘察制度，开好班前班后会，认真交底，确保“四清楚”“四到位”，严格执行“两票”制度及各种现场规程、规定。

1）“四清楚”是指，任务清楚、危险点清楚、作业程序清楚、预防措施清楚。对不清楚、不了解的工作，对提出疑问未得到解答的工作及安全措施未落实到位的工作，各生产车间的工作人员可以拒绝执行。

2）“四到位”是指，人员到位、措施到位、执行到位、监督到位。

3）“两票”制度是指，若确实需要扩大工作任务而不涉及停电范围变更或增加的安全措施的，必须由工作负责人报请工作许可人签名同意，并在工作票上填写新增工作任务后，方准开始进行新增项目的工作；若工作需要变更或增加安全措施的，则必须将原工作票作废，重新办理工作票，并重新履行工作许可手续，安全措施变更必须通知工作班成员。

如果线路运行较为复杂（如有联络隔离开关、交叉跨越等），工作票负责人应要求工作票签发人在备注栏中画施工简图或另附施工简图。这样可以规范各类人员作业行为，有效遏制习惯性违章。

（2）设备运行维护管理部门对改建（含增容）、新建、检修工作等及系统接线和运行方式改变的设备异动申请应及时做好相应的审核、跟踪和发布管理工作，有权对不合理的异动方案提出意见，尽可能减少后续工作中的失误。

配网调度管理部门做好设备异动后进行接线运行方式调整的工作；对涉及设备异动的工程而没有办理异动申请的，有权拒绝接受设备状态变更申请或工作票签收。

营销职能管理部门应做好以下两项工作：

1）指导、督促、检查、考核GPMS与SG186系统数据共享营销基础数据方面的规范管理，制定相关管理规定的工作。

2）指导、督促、检查、考核业扩工程异动的规范管理。

(3）加大标准化作业指导书执行情况监督力度，严格标准化作业，让员工严格遵守标准化作业流程；建立常态的标准化作业管理和考核机制，做到“标准化作业反违章，程序化作业防事故”的要求。

(4）严格执行重要工作及节假日领导、专责到现场制度，完善相关管理制度。

(5）加强临时停电的控制，进一步规范流程管理。

(6）重点抓好在职员工的安全培训，可归纳为安全态度教育培训，安全技术知识，安全技能培训，事故与应急处理培训。通过培训提高供电公司一线员工的安全意识、责任心、安技素质。具体培训内容如下：

1）加强安全态度教育培训，包括安全思想教育、法制教育和安全生产方针政策教育。安全态度教育，是一项常态化、细致、耐心的教育工作，应该建立在对员工的安全心理学分析的基础上，有针对性、联系实际地进行。例如，研究人员的个性心理特征，对个别容易出事的人，要从心理上、个性上分析其不安全行为产生的原因，有针对性地进行教育和引导。对喜欢逞强好胜而冒险蛮干的人，要使其明白谨慎小心并不是贪生怕死，冒险蛮干也决非英雄好汉；对粗枝大叶、马马虎虎的人，要让他明白"一时的疏忽，终生的痛苦"的道理等。

2）加强基本的安全技术知识（企业所有员工都应具备）和专业安全技术知识（进行具体工种作业时需要）培训。

3）加强安全技能培训，实现从"知道"到"会做"。安全技能培训包括正常作业时的安全技能培训及异常情况的处理技能培训，要有计划、有步骤地进行培训。要掌握安全操作的技能，就是要多次重复同样的符合安全要求的动作，使职工形成条件反射。要达到这样的水平，不是通过一两次集体培训讲授就能做到的。

4）加强事故与应急处理培训。事故与应急处理培训的内容重要而又易被广大干部职工疏忽，从而造成不可挽回的后果。通过这方面的培训来提升员工安全生产意识及事故应急处理能力。

（7）采取有效措施，开展安全生产警示教育，让每个职工认真吸取血的教训，引以为戒，自觉遵守各项规章制度，增强职工安全意识、自我保护意识和安全技能。同时，要举一反三，有针对性地开展安全教育培训、检查和整顿。

（8）进一步加大对违章行为的查处力度，狠抓安全管理，从严管理队伍。充分发挥反违章纠察队的监察作用，坚决打击习惯性违章，建立健全反违章常态工作管理机制，建立严肃、规范的安全生产秩序。

五、违反“十不干”第五条“未在接地保护范围内的不干”引发的事故案例

“十不干”第五条释义：在电气设备上工作，接地能够有效防范检修设备或线路突然来电等情况。

未在接地保护范围内作业，如果检修设备突然来电或临近高压带电设备存在感应电，容易造成人身触电事故。

检修设备停电后，作业人员必须在接地保护范围内工作。禁止作业人员擅自移动或拆除接地线。对高压回路上的必须拆除全部或部分接地线后始能进行的工作，应征得运维人员的许可（根据调控人员指令装设的接地线，应征得调控人员的许可），方可进行，工作完毕后立即恢复。

【案例11】现场少挂一组接地线，作业人员未处在接地保护范围内，用户反送电，致人触电死亡。

1. 案例经过

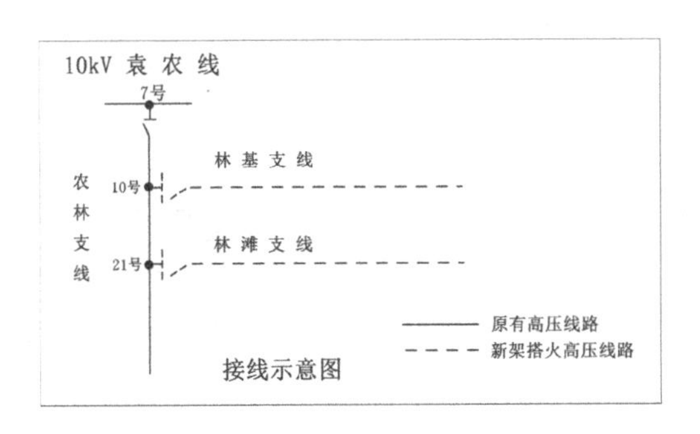

接线示意图

某年6月15日，某供电营业所进行10kV袁农线T农林支线10号杆T接林基分支线及10kV袁农线T农林支线21号杆T接林滩分支线搭火工作（同时开始）。

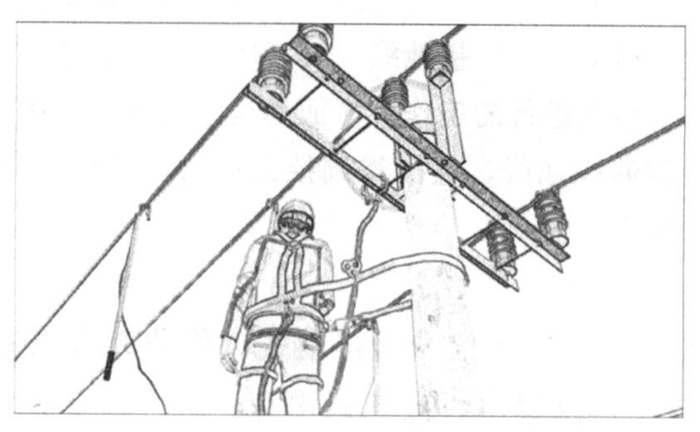

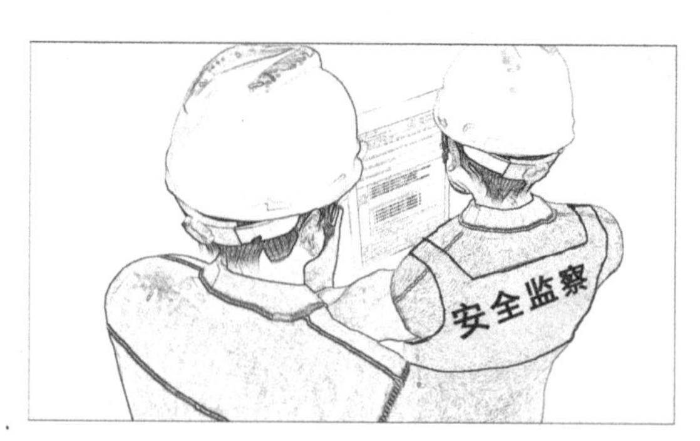

5.3 工作班装设（或拆除）的接地线			
线路名称或设备双重名称和装设位置	接地线编号	装设时间	拆除时间
10kV（袁 322）袁农线农林支线 10 号杆电源侧导线上	01	8：10	15：10
10kV（袁 322）袁农线农林支线 10 号杆负荷侧导线上	02	8：20	15：20
10kV（袁 322）袁农线农林支线 21 号杆电源侧导线上	03	8：40	15：40
10kV（袁 322）袁农线农林支线 21 号杆负荷侧导线上	04	8：50	15：50

班组共 24 人，分成两组，工作负责人为石某。早晨 6：50 左右，石某向班组成员交代了工作内容、安全措施、危险点分析及控制措施，并安排两组人员分别对两个作业点进行验电、挂接地线后开始工作，并制表记录。

上午 10：50 左右，反违章纠察队员熊某来到 10kV 袁农线 T 农林支线 21 号杆工作现场检查，发现按工作票要求应在农林支线 21 号杆负荷侧、农林支线 21 号杆电源侧两处各挂一组接地线，但 21 号杆工作现场却只在电源侧挂了一组接地线，21 号杆负荷侧未

各挂接地线。

熊某立即告知现场负责人石某“将另一组接地线挂好”，并要求其督促挂接漏挂的10kV农林支线21号杆负荷侧接地线。

但是，石某只是口头安排工作班成员张某挂接地线，未监督其完成便同熊某先后离开了现场。

下午 14：10 左右，工作班成员王某正在 10kV 农林支线 21 号杆上作业。但是线路突然带电，致使在杆上作业的王某触电死亡。经调查，突然带电系施工期间一养鸡场私拉乱接大功率发电机，造成反送电至工作线路导致作业人员触电。

2. 案例解析

(1) 违章指挥。工作负责人无视安全生产规章制度，只在工作现场的电源侧挂了一组接地线。这样，在现场安全措施存在严重漏洞的情况下，安排人员施工，是导致此次事故的一个主要原因。

(2) 违章作业。工作班成员王某无视安全生产规章制度，在未得到工作地段两端接地线都挂全的通知且明知工作地段少挂一组接地线的情况下，冒险登杆作业。这是导致此次事故的另一个主要原因。

(3) 养殖户私自使用大功率发电设备（发电机），未采取任何安全措施，相关配套装置不规范，未按规定安装防反送电闭锁装置，致使自备大功率发电机发出的电反送至正在施工的线路上。这是导致此次事故的直接原因。

(4) 供电营业所工作人员张某安全意识淡薄，违反了《国家电网公司电力安全工作规程（配电部分）（试行）》中第 4.4.1 条的规定：“*当验明确已无电压后，应立即将检修的高压配电线路和设备接地并三相短路，工作地段各端和工作地段内有可能反送电的各分支线都应接地。*”

在工作现场，其不严格执行工作票所列安全措施，少挂接地线；对纠察队员指出的问题未做整改，导致现场安全措施存在严重漏洞。

（5）工作负责人石某，其工作流于形式走过场，班前会仅宣读了一下工作票和安全控制卡，交底时未指明工作现场的危险点及具体控制措施，更谈不上让所有工作班人员清楚无误地了解工作票中每一组接地线的作用，以及撤除及变更的后果。

（6）事故隐患整改不力，具体有以下三点：

1）纠察队员熊某现场安全纠察不力，工作流于形式、走过场。

2）现场监护不到位，现场负责人石某对纠察队员指出的安全隐患，重布置而轻落实，未切实履行监护职责，现场督促检查不到位。

3）工作班成员张某，对纠察队员指出的问题置若罔闻，无视安全管理的有关规定，习惯性违章情节严重。

（7）施工现场安全管理不到位。严重违反安全生产管理规定，工作班成员擅自变更挂接地线组数；员工执行力差，施工作业中未能做到“令行禁止”。

（8）班组安全管理基础薄弱。员工安全素质不高，思想认识不足。供电营业所工作人员无视安全生产规章制度，在未得到接地线挂好的通知下，盲目开工、冒险蛮干；严重缺乏基本的安全生产知识，对线路停电作业突然来电的危险性认识不足，严重缺乏安全生产意识，习惯性违章情节严重，安全管理也严重不到位。

（9）客户服务中心，对安全生产教育培训认识不到位、投入不足，教育培训质量不高，职工习惯性违章现象未得到有效控制。

3. 防范措施

（1）单位要牢固树立“安全培训不到位，就是重大安全隐患”的意识，严格落实企业安全培训主体责任；对不同岗位，制订有针对性的教育培训计划，落实人员、落实内容、确保时间，严禁教育培训不切实际和“走过场”；加强供电营业所工作人员的安规培训考核力度，考核合格后方可上岗。

（2）施工过程中严格执行保证安全的技术措施。停电作业必须停电，工作前要在所有可能来电方向进行验电，并在工作地点形成封闭接地。漏挂任何一组接地线，都可能造成人体电击事故。

（3）加强安全监督、监管力度，督促检查现场安全文明施工情况、班组安全管理情况和安全防范措施的落实情况。加强对班组日常的安全管理，特别是对工作现场的监督管理，经常到班组和生产现场检查，督促班组安全管理水平的不断提高。严格落实安全措施，安全措施落实不到位的不得开工。

（4）从严查处、考核习惯性违章。结合供电所实际，认真分析班组习惯性违章的表现及易发生习惯性违章的环节，揭露其危害性；根据安全生产规程、制度及供电所（班组）安全管理的薄弱环节，制订适合供电所（班组）特点的预防习惯性违章的实施细则，使大家养成遵章守纪的良好习惯；严格按安规要求进行生产作业，杜绝习惯性违章。

（5）加强用户双电源（自备电源）管理，特别是自备发电机的管理，加大查处和处罚力度。

六、违反“十不干”第六条“现场安全措施布置不到位、安全工器具不合格的不干”引发的事故案例

“十不干”第六条释义：悬挂标志牌和装设遮拦（围栏）是保证安全的技术措施之一。

标志牌具有警示、提醒的作用。不悬挂标志牌或悬挂错误存在误拉合设备，误登、误碰带电设备的风险。

围栏具有阻隔、截断的作用，如未在工作地点四周装设带出入口的围栏、未在带电设备四周装设全封闭围栏或围栏装设错误，存在误入带电间隔、将带电体视为停电设备的风险。

安全工器具能够有效防止触电、灼伤、坠落、摔跌等，保障工作人员人身安全。合格的安全工器具是保障现场作业安全的必备条件。使用前应认真检查，确认安全工器具无缺陷，确认试验合格并在试验期内，拒绝使用不合格的安全工器具。

【案例 12】无票作业，作业前不装设接地线，未悬挂标志牌，他人盲目送电，致人触电死亡。

1. 案例经过

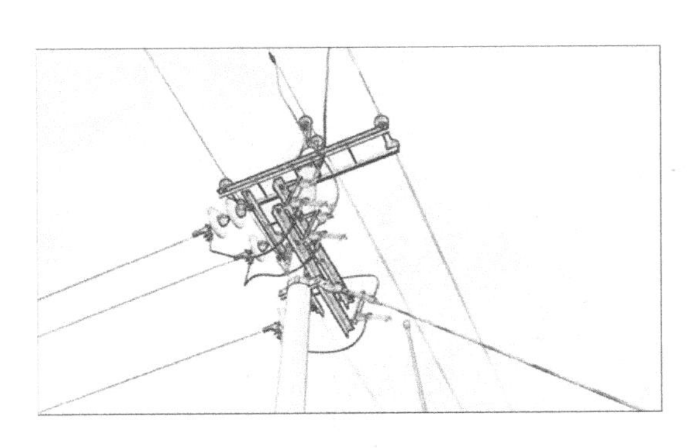

某年 7 月 3 日，某供电公司计量班班长张某安排王某（工作负责人）及工作班成员谢某、汪某、王某、谭某、马某、严某 6 人前往永强镇“金禾米业”公司进行专变计量装置更换的工作。作业人员未办理停电手续，未办理工作票，未装设接地线，未悬挂“禁止合闸，线路有人工作”的标志牌，仅将该“金禾米业”专变 T 接的 10kV 线路上的高压隔离开关断开，之后就安排谢某、汪某登杆作业，王某、谭某负责杆下工作，严某负责杆下监护。

在作业过程中，其他专变用户发现停电便找工厂电工李某反映。李某发现“金禾米业”专变 T 接的 10kV 线路上的高压隔离开关处于断开位置，在不清楚真实原因的情况下，携带工具赶往现场。

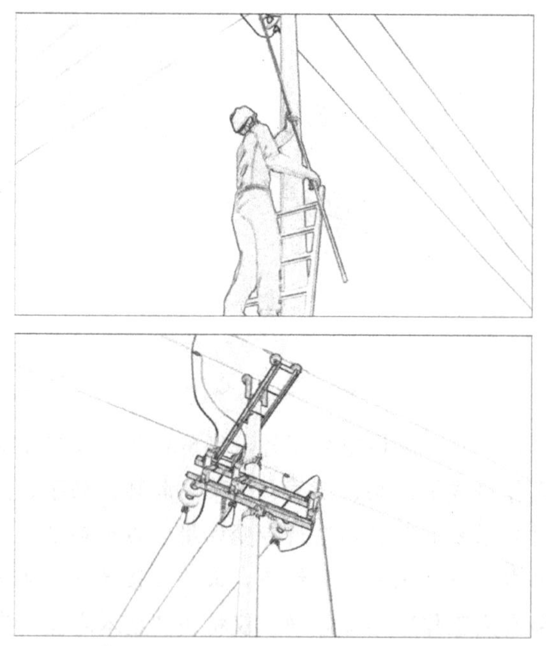

到达现场后，李某自行将已断开的高压隔离开关合上，使线路带电。

在杆上连接高压计量接线头的谢某突然触电，经抢救无效死亡。

2. **案例解析**

(1) 工厂电工李某不满足送电身份要求，但急于用电，在既不询问又不观察有无人员施工的情况下，越权自行合上已拉开的高压隔离开关（专变T接的10kV线路上的高压隔离开关），盲目送电。由于王某所带领的工作小组工作地段的两侧未装设接地线，使正在杆上工作的谢某触电。这是造成此次事故的直接原因和一个主要原因。

(2) 工作负责人王某违章管理、违章指挥，未办理停电手续和工作票，停电后未验电及装设接地线，未在高压隔离开关上悬挂“禁止合闸，线路有人工作”的标志牌，也没有安排人员看护，擅自指挥工作班成员开展工作，严重违反《国家电网公司电力安全工作规程（配电部分）（试行）》的相关规定。这是造成此次事故的另一个主要原因。

(3) 工作班组人员，思想麻痹、缺乏自我保护意识、规程制度执行力差、习惯性违章情节严重，在现场没有任何安全措施的情况下仍冒险登杆作业。这是造成此次事故的又一个主要原因。

(4) 监护工作不到位，现场监护人安全意识差、责任心不强，未形成有效监护。

(5) 停电前没有通知停电受影响工作地点的有关人员。

(6) “金禾米业”管理混乱，安全教育不到位，工厂电工李某及其他工作人员安全意识淡薄。

3. 防范措施

(1) 加强监督管理，严格工作票的执行，严禁无票作业。

(2) 严格执行停送电制度，严格执行《国家电网公司电力安全工作规程（配电部分）（试行）》中第5.2.5.2条的要求：“*由工作班组现场操作的设备、项目及操作人员需经设备运维管理单位或调度控制中心批准*”。

严禁无令操作。

(3) 在配电设备上工作，必须做好保证安全的技术措施，如停电、验电、装设接地线、使用个人安保线、悬挂标志牌和装设遮拦等。在一经合闸即可送电到作业地点的隔离开关、断路器操作机构把手或跌落式熔断器操作处，应悬挂“禁止合闸，线路有人工作”的标志牌，必要时应指派专人看守，防止向检修、安装作业线路误送电。

(4) 专责监护人应严格执行《国家电网公司电力安全工作规程（配电部分）（试行）》中第3.3.12.4条的要求：“*(3) 监督被监护人员遵守本规程和执行现场安全措施，及时纠正被监护人员的不安全行为。*”

专责监护人要认真履行监护职责，对发现的不安全行为和不安全状况及时制止，消除事故隐患。

(5) 加强作业现场安全管理，杜绝不具备送电身份的人员擅自送电。

(6) 结合本次事故特点，立即对用电单位工作人员进行相关的安全知识教育培训，任何不具备送电身份的人员不得擅自送电。

【案例 13】使用前未对验电器自检，致人误判并触电身亡。

1. 案例经过

某年 5 月 23 日，某供电公司泰平供电所组织进行 10kV 兰山线 14 号杆山果支线 6 号杆的缺陷处理。工作负责人杜某安排谢某、张某负责拉开 10kV 兰山线 14 号杆山果支线高压隔离开关。

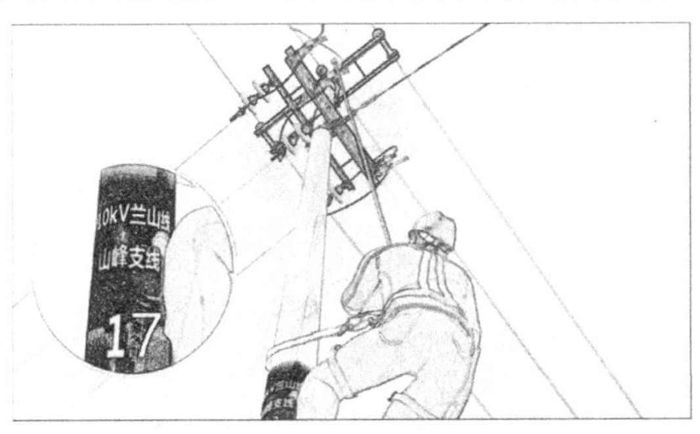

但是，谢某、张某两人却来到 10kV 兰山线 17 号杆山峰支线处，断开了山峰支线高压隔离开关。

之后，谢某、张某来到 10kV 山果支线 6 号杆处。张某携带验电器、接地线登杆。登杆前未对验电器进行自检试验。张某用该验电器对 10kV 山果支线进行验电，验电时无声光指示信号，张某就认为该线路不带电。

就在杆下的谢某寻找合适的地线接地点时，杆上的张某在移动中触及带电导线，触电死亡。

2. **案例解析**

（1）停电错误。现场作业人员习惯性违章情节严重，对线路、设备不熟悉，走错了位置；操作人员无票操作，停电操作前，未认真核对T接杆的线路名称、编号，导致停错线路。这是导致此次事故的直接原因和主要原因。

（2）无票工作，无票操作，违章指挥。工作负责人杜某违反《国家电网公司电力安全工作规程（配电部分）（试行）》中第3.3.2条的规定：*"填用配电第一种工作票的工作。配电工作，需要将高压线路、设备停电或做安全措施者。"*

在进行10kV设备停电消缺工作前，未组织分析危险点与控制措施；交代工作任务时，未交代安全注意事项；在无工作票、无操作票的情况下，安排工作班成员进行停电操作。这是导致此次事故的另一个主要原因。

（3）工作班成员张某行为违章，违反《国家电网公司电力安全工作规程（配电部分）（试行）》中第4.3.2条的规定：*“高压验电前，验电器应先在有电设备上试验，确证验电器良好；无法在有电设备上试验时，可用工频高压发生器等确证验电器良好。”*

验电前，张某没有检查验电器是否完好就进行验电工作，导致误判，造成带电挂地线，触及带电设备。这是导致此次事故的又一个主要原因。

（4）作业过程中，监护人员没有对张某提出违章的提示并及时纠正不安全行为、纵容其违章行为。

该事故暴露了如下问题：

（1）工作票制度、倒闸操作制度执行不到位，工作图省事。在10kV线路停电检修作业时，不使用工作票，倒闸操作不使用操作票。

（2）在杆下谢某正忙于用铁锤把铁钎棒打入土壤的过程中，在无人监护的情况下，杆上的张某就急于将线路端线夹挂接在线路上，自己一个人作业。

（3）死者张某安全意识极其淡薄，现场作业人员缺乏自保、互保意识。

（4）事故单位对高压验电器的管理存在漏洞和薄弱环节，未严格执行安全工器具的保管与试验制度，高压验电器损坏后未能及时修复补充；现场施工人员对安全工器具的日常检查也不重视。

（5）班组工作随意性强，检修工作无计划，不履行审批手续，班组自行安排检修工作。

3. **防范措施**

（1）严格执行工作票制度，严禁无票工作。

（2）严格执行操作票制度，严禁无票操作；倒闸操作前，应核对线路名称、设备名称和状态。

（3）加强安全工器具的管理和使用。安全工器具的管理和使用是一个动态过程。经过一段时间的使用，安全工器具可能存在故障或缺陷，成为施工中的安全隐患。对此要严格按《国家电网公司电力安全工作规程（配电部分）（试行）》规定，对绝缘安全工器具进行保管和试验。安全工器具要定期进行试验，未经试验及超试验周期的安全工器具禁止使用，不得存放在配网现场。高压验电器用信号发生器进行试验，应严格遵守《国家电网公司电力安全工作规程（配电部分）（试行）》中保证安全的技术措施的第4.3条关于验电的规定。

班组应每月对安全工器具进行全面检查，并对班组、工区、单位等检查做好记录；对超期工器具或不合格安全工器具应分开摆放，做出禁用标志，做好记录，防止他人误用；每次工作前，对工器具的外观检查和有效期复核。

（4）工作负责人组织现场勘察，根据现场实际及工作要求进行危险点分析并制订危险点预控措施，制订切实可行的三措计划，组织开好班前会，由工作负责人向全体工作班成员进行安全技术交底。

（5）加强停电检修计划规范管理，严格审批程序，严禁无计划工作，杜绝班组擅自安排检修施工任务；严格执行供电公司相关的计划检修、临时检修停电管理办法，切实做好供电设施计划检修和临时检修处理时的停电管理工作。

（6）严格执行监护制度，专责监护人应按《国家电网公司电力安全工作规程（配电部分）（试行）》中第 3.3.12.4 条中（3）的要求，认真履行职责，及时纠正不安全行为。

【案例 14】使用有缺陷的安全工器具，作业人员未系好安全帽，致人从高处坠落死亡。

1. 案例经过

某年 10 月 10 日上午，某客户中心营业管理所副所长按工作计划，分配刘某（工作负责人）、赵某、洪某三人前往某县玉山村安装新表。三人到达工作现场后，赵某在墙壁上固定表板。

刘某（工作负责人）分配洪某登杆接线。

上午 9：10 左右，刘某（工作负责人）自己将铝合金梯子靠在墙上，并向上攀登。

当刘某（工作负责人）登至约 2 米高度时，梯子忽然滑倒，刘某随梯子后仰坠地。

因安全帽系得不牢靠，造成安全帽飞离头部。刘某（工作负责人）后脑撞碰地面并少量外出血。赵某与洪某立即停止工作，拨打

120电话求救。之后，救护车将刘某（工作负责人）送至医院抢救。刘某于10月11日不治身亡。

2. 案例解析

(1) 工作班组违反《国家电网公司电力安全工作规程（配电部分）（试行）》中第17.4.1条的规定：“*梯子应坚固完整，有防滑措施。梯子的支柱应能承受攀登时作业人员及所携带的工具、材料的总重量。*”

作业前又未对工器（机）具进行检查。登高工具有缺陷，铝合金梯脚防滑垫丢失，未得到及时修复，梯脚无法提供足够的摩擦力，很容易造成滑倒的意外。另外，工作现场环境较差，地面有水渍且地面较光滑。在无专人监护和无人扶持的情况下，冒险登梯工作。

(2) 在现场工作时，刘某未按规定正确佩戴安全帽，安全帽戴不牢靠，致使摔到时安全帽飞出，使头部失去保护，造成头部严重受伤而死亡。

(3) 劳动组织不合理，人手不够，工作负责人不得不参与作业。施工现场安全管理混乱，现场无人监护。

(4) 现场工作人员主观上存在思想麻痹的问题，安全意识淡薄。对安全帽下颚带未锁紧及自身所处的环境的安全隐患没有清醒的认识，抱有侥幸心理，未采取相应的控制措施。

暴露的问题如下：

(1) 安全工器具的管理、使用及维护工作不力。对安全工器具的检查、维护力度不够，铝合金梯脚防滑垫丢失，未得到及时修复；职工安全意识淡薄，自我防护能力不强，不能准确使用安全工器具。

(2) 在工作中，个别职工存在严重的习惯性违章现象，如工作中违反《国家电网公司电力安全工作规程(配电部分)(试行)》的有关规定、工作中失去监护、安全帽戴不牢靠等;同时,职工在工作中对不安全行为未做好相互监督、相互照应,工作人员存在思想麻痹、安全意识淡薄等现象。

(3)安全管理留有死角。实际工作中,常见的是各级领导、各部门对复杂工作的安全比较重视,经常进行检查、监督;对简单的一般性工作的安全重视不足,缺少检查、监督,同时对习惯性违章现象考核不够严,使习惯性违章现象屡禁不止。

3. 防范措施

(1)登高作业应按规定正确佩戴安全帽和使用安全带,使用梯子时应有防滑措施。日常使用时,梯子本身要保持清洁;梯子上附着的泥土、油渍及其他易滑物质要经常清理;作业时,梯子附近要保持"净空",建议放置警告标志、阻碍物等以防止人员或车辆不小心碰撞梯子,造成危险。另外,如梯子放置在门前,门最好锁上或绑固好,或者安排人员戒备。上下梯子时,一定要保持三点接触原则。如要携带工具攀爬,一定要使用工具袋或工具腰带,尽量不要用手拿。上下梯子要一阶阶地走,下梯子应面向梯子逐阶而下,不可背向梯子。如果认为需要别人扶梯子,应找人帮忙。最后,因生病或服药而影响平衡感时,千万不要逞能使用梯子。

(2)加强安全工器具的使用管理。单位共用的安全工器具,应明确专人负责管理、维护和保养。个人使用的安全工器具,应由单位指定地点集中存放,使用者负责管理、维护和保养,并由班组安全员不定期抽查使用维护情况。在保管及运输过程中,安全工器具应防止损坏和磨损,绝缘安全工器具应做好防潮措施。

另外,负责人还要做好各班组安全工器具[个体防护装备、绝缘安全工器具、登高工器具、安全围栏(网)、标志牌等]的日常检查工作，有缺陷的立即整改，不合格的立即更换。

(3) 努力提高对习惯性违章危害性的认识，要求施工管理人员带头遵章守纪，严格执行各项规定，有效地减少违章行为；加大反习惯性违章的整改力度，形成良好的反违章氛围，加强习惯性违章日常监督管理工作，对施工中存在不良习惯严格考核。

(4) 扎实推进安全风险辨识和隐患排查治理，特别要做好作业前危险点辨识及针对性防范措施的落实工作。作业过程中要加强现场安全管理，及时发现不安全行为及不安全因素，果断制止与控制风险。

(5) 严格执行安全生产责任制度，对各施工单位管理人员不到位及违章而导致的事故等，进行管理责任追究，促进安全生产责任制的落实。

【案例15】使用非绝缘工具皮卷尺测量导线对地垂直距离，致人触电死亡。

1. 案例经过

某年6月3日某供电公司供电营业所王某（工作负责人）、邓某、何某、肖某4人到临江镇福全村检查线路。他们看到10kV达益线65、66号杆之间架空导线对地的垂直距离偏低，但偏低到什

么程度，一时也说不上来。

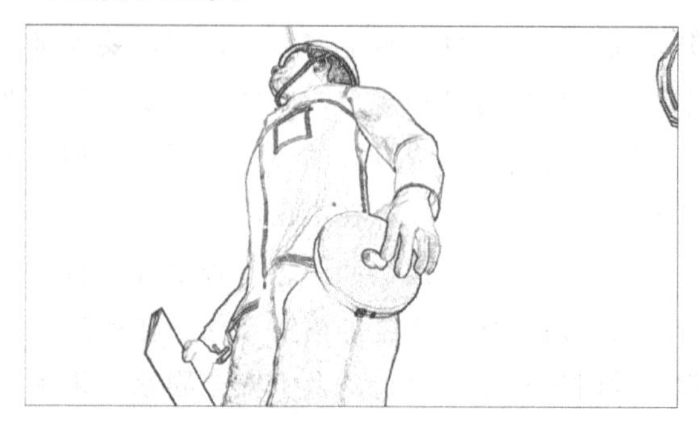

工作负责人王某想得到具体一些的数字，便提出要测量一下架空导线与地之间的距离。因为当时执行的是巡视工作而不是测量工作，也就没带测量仪和绝缘绳、绝缘手套，只有量杆距的皮卷尺。

王某让随行的邓某找来一块小石头拴在皮卷尺上，靠近导线右边向上抛，目的是想把石头抛到与导线大概相同的高度，然后再依石头至手中线尺的长度大致估算一下导线与地之间的距离。站在一旁的何某提醒王某：“这不行啊，如果石头或皮卷尺碰到运行的线路上，可不得了。”

王某说：“不碍事，咱又不往导线上抛，只是把石头抛到和电线一样高的地方，估算一下。”说完便开始往导线的右边抛石头，但抛了两次，不是高便是低。王某鼓了鼓劲又抛第三次，皮卷尺挂在了导线上，王某握线绳的右手立即被强大的电流“吸住了”。何某等人急忙采取紧急抢救措施，把电源断开，并进行紧急救护，但王某再也没有苏醒过来。

2. 案例解析

（1）违反《国家电网公司电力安全工作规程（配电部分）（试行）》中第 11.3.4 条的规定：*“测量带电线路导线对地面、建筑物、树木的距离以及导线与导线的交叉跨越距离时，禁止使用普通绳索、线尺等非绝缘工具。”*

工作负责人王某在 10kV 带电线路附近以抛掷非绝缘皮卷尺的方式测量带电线路导线对地面距离，但抛到带电线路上造成触电。这是导致此次事故的直接原因和主要原因。

（2）工作负责人王某，风险防范意识不强，危险点分析及控制措施未落实到位。

（3）工作负责人王某，未认真履行其工作负责人的安全责任，安全意识淡薄，明知丈量杆距的皮卷尺是非绝缘体，抱着侥幸心理，不听劝告，冒险蛮干，习惯性违章作业。

（4）工作班成员何某作为事实上的监护人，互保意识差，对王某的冒险行为制止不力。

（5）安全管理薄弱。各级安全生产责任制没有真正落到实处，平时面上的安全讲得多，具体执行不严、不实、不细。安全培训及教育没跟上，部分职工自觉贯规意识较差，作业中违反安规的习惯性违章行为时有发生。

3. 防范措施

（1）工作负责人，必须根据测量工作任务组织工作人员进行危险点分析并制订具体的控制措施。

（2）在线路带电的情况下，进行测量导线垂直距离、线距、交叉距离等工作，要采用保障工作人员人身安全的测量工器具，如测距仪、经纬仪，绝缘绳等。如用抛掷绝缘绳的方法，绝缘绳必须经试验合格，严禁在带电设备及带电线路附近抛掷非绝缘的绳尺。

（3）使用测量仪测量时，持塔（标）尺人员禁止在带电线路下方进行测量，并注意保持塔（标）尺与带电线路的安全距离。

（4）如需登杆测量，应办理工作许可手续，杆上人员应系安全带，人体与带电体要保持足够的安全距离。

（5）针对部分职工生产技能低、安全意识淡薄等问题，开展有针对性的安全知识及技能培训：一是开展安规方面的培训；二是加强岗位技术练兵。培训重点要放在配电作业技术与安全方面，要掌握各类作业风险及预防措施。

【案例16】现场安全措施布置不到位，未装设遮拦（围栏），未布置警告标志牌，致过路村民受伤。

1. 案例经过

某年7月8日，某供电公司配电运检工区配电运检班在10kV九鸡线上进行停电更换绝缘子作业。现场有工作负责人吴某、工作人员肖某等数人。

在道路附近的23号杆更换瓷绝缘子（俗称瓷瓶）时，杆下未装设遮拦（围栏）和布置警告标志牌。

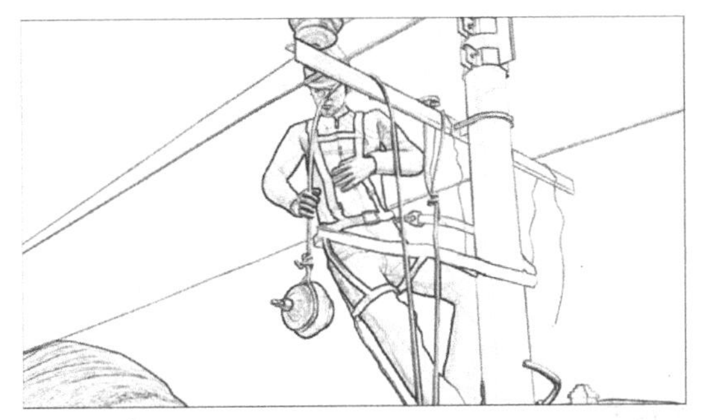

肖某在杆上装金具，并随手将10寸扳手放在横担上，埋下了事故隐患。

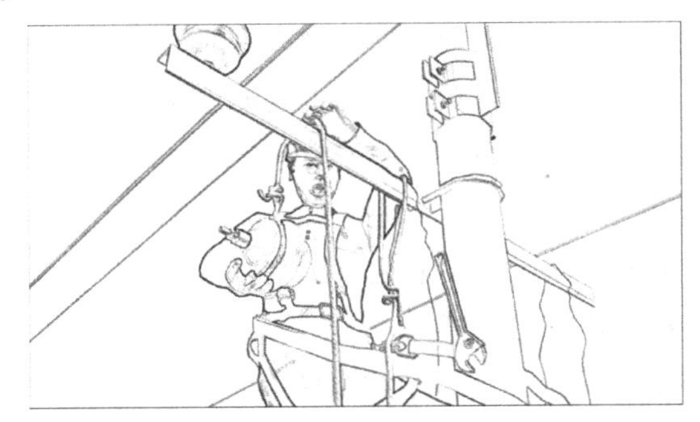

肖某在用绳索往杆上传递瓷绝缘子时，不慎将放在横担上的10寸扳手碰落。

下落的扳手砸到行人谭某的脸上，流血不止，幸未伤及眼睛。

2. **案例解析**

（1）工作负责人责任心不强，班前会流于形式。在作业现场安全措施布置不到位，在未设置安全遮栏（围栏）和警告标志牌的情况下，盲目组织开工，导致非工作班成员进入危险区域。这严重违反了《国家电网公司电力安全工作规程（配电部分）（试行）》中第4.5.12条的规定：*“城区、人口密集区或交通道口和通行道路上施工时，工作场所周围应装设遮栏（围栏），并在相应部位装设警告标示牌。必要时，派人看管。”*

（2）肖某随手将10寸扳手放在横担上，严重违反《国家电网公司电力安全工作规程（配电部分）（试行）》中第17.1.5条的规定：*“高处作业应使用工具袋…较大的工具应用绳拴在牢固的构件上。”*

在杆上工作的肖某不慎将放在横担上的10寸扳手从7米高处碰落掉下，而将过路的当地村民头部砸伤，直接导致了此次事故的发生。

(3) 工作负责人（监护人）吴某明知肖某随手将10寸扳手放在横担上是违章行为，却对违章人员纵容，默许了这种违章行为。这是导致此次事故的次要原因。现场无专人看守也是发生事故的重要原因之一。

3. 防范措施

(1) 作业现场安全措施布置不到位，不得开工作业。

在线路工作场所周围工作，应装设遮栏（围栏）和警告标志牌，警告其他人员不得进入工作场所。

对于杆上有工作人员作业的场合，其他人员不得在杆下逗留。如要进入杆下工作现场，必须事先同杆上作业人员打好招呼，在得到上面作业人员许可后方可进入。在杆上工作的作业人员“应将工具放在工具袋内，防止掉东西，使用的工具、材料应用绳索传递，不得乱扔”。当遇到有可能发生掉东西的情况时，应及时提醒下面人员离开现场，以免发生意外。

(2) 工作负责人（监护人）应认真履行监护职责，制止作业过程中的“三违”现象（违章指挥，违章操作，违反劳动纪律）。

七、违反“十不干”第七条“杆塔根部、基础和拉线不牢固的不干”引发的事故案例

“十不干”第七条释义：近年来，多次发生了因倒塔导致的人身伤亡事故，教训极为深刻。

确保杆塔稳定性，对于防范杆塔倾倒造成作业人员坠落伤亡事故十分关键。

作业人员在攀登杆塔作业前，应检查杆根、基础和拉线是否牢固，铁塔塔材是否缺少，螺栓是否齐全、匹配和紧固。铁塔组立后，地脚螺栓应随即加垫板并拧紧螺母及打毛丝扣。新立的杆塔应注意检查杆塔基础，若杆基未完全牢固，回填土或混凝土强度未达标准或未做好临时拉线前，不能攀登。

【案例17】不夯实杆基，不检查杆塔根部基础是否牢固，杆塔上有人时又违规调整拉线，致两人随杆坠地，一死一伤。

1. 案例经过

七、违反“十不干”第七条“杆塔根部、基础和拉线不牢固的不干”引发的事故案例

某电力服务有限公司施工队，承接了某供电公司三合镇樟木村农网改造新架 10kV 线路立杆工作。某年 7 月 15 日上午 8：00，该施工队在村委会院坝集合。人员分两组，其中立杆组的工作负责人为余某、工作班成员为李某等。上午 9：00 左右，工作负责人余某带李某等数人立 4 基水泥杆。

下午，另一组工作负责人马某带 4 人安装横担、打拉线。14：30 左右，马某指派黄某和钟某上杆安装紧线横担。上杆作业前，没有按照安规要求检查电杆根部基础是否牢固。

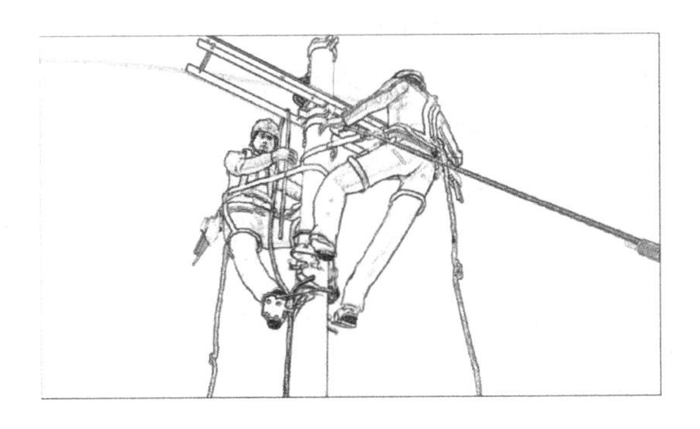

15：00 左右，黄某、钟某两人安装好紧线横担和拉线抱箍，并安装好上把拉线。工作负责人马某要求紧好横担螺钉后再下杆。

与此同时，杆下工作负责人马某和工作班成员李王某开始打下把拉线。

在用紧线器拉紧拉线测量 UT 线夹尺寸时，被拉紧的电杆受力后向拉线侧逐渐倾斜。副经理孙某发现后，就让杆上黄某和钟某把传递绳上端绑在杆上。

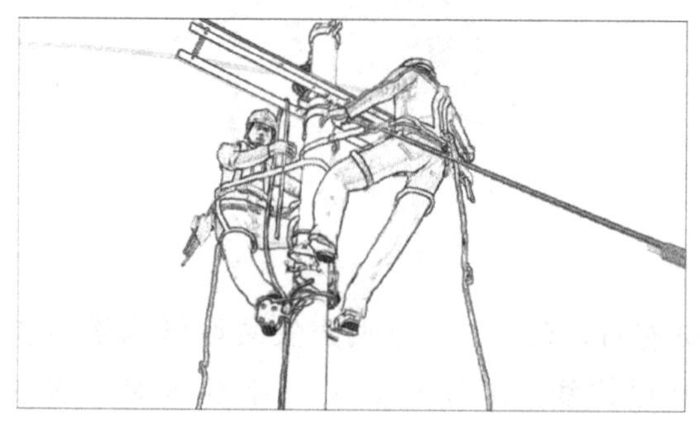

因传递绳挤压在钟某脚扣内，留给钟某的处置时间太短。当钟

某慌慌忙忙拿出传递绳还没绑到杆上时，电杆倾斜幅度已较大。

此时，马某让钟某用手拉住传递绳上端，地面三人拉住传递绳的下端，试图阻止电杆继续倾倒。

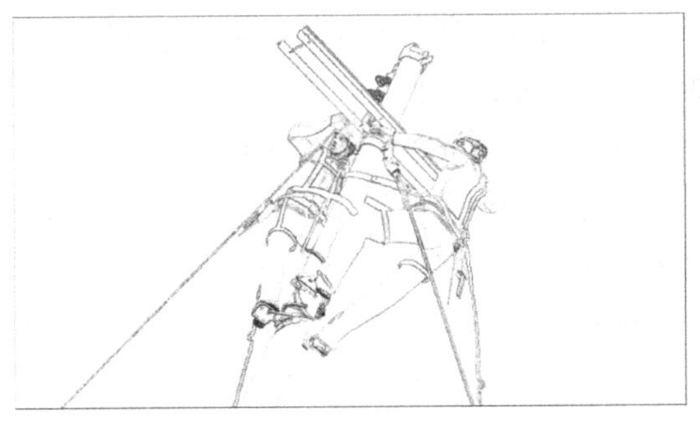

但因电杆的倾斜角度大，钟某一个人拉不住，电杆倾倒在地面。黄某和钟某两人随杆倒下，黄某的胸部撞击在横担上，钟某伏在黄某的身上。事故造成黄某肝破裂死亡，钟某右腿受伤。

2. **案例解析**

(1) 电杆基础回填施工质量差。在立杆过程中，杆坑内积水没有完全排出，回填土没有完全夯实，杆基不牢固，留下了事故隐患。违反《国家电网公司电力安全工作规程（配电部分）（试行）》中第 6.3.13 条的规定：“*已经立起的杆塔，回填夯实后方可撤去拉绳及叉杆。*”

(2) 违章指挥。上杆作业前，在没有检查电杆根部基础是否牢固的情况下，工作负责人马某就安排黄某和钟某登杆作业。这是造成此次事故的主要原因。违反《国家电网公司电力安全工作规程（配电部分）（试行）》中的如下规定：

“6.2.2 杆塔作业应禁止以下行为：

(1) 攀登杆基未完全牢固或未做好临时拉线的新立杆塔…

6.3.14 条“杆塔检修（施工）应注意以下安全事项：…

3) 杆塔上有人时，禁止调整或拆除拉线。”

杆上工作人员还未下杆，工作负责人马某却忙于和王某打下把拉线，并调整拉线。

(3) 现场作业人员安全意识淡薄，缺乏自我保护意识，风险识别和预防能力不强。登杆作业前，作业人员对电杆杆坑内积水没有完全排出、回填土没有完全夯实所造成的电杆抗倾覆稳定安全系数下降而带来的倒杆风险，未给予重视、心存侥幸、违章冒险蛮干。这是导致此次事故的一个重要原因。

(4) 领导对安全工作不重视，对此项工作的危险性认识不足。副经理在施工现场，没有制止一系列违章行为。

(5) 根据背景资料，该电力服务有限公司从筹建到运营均未报某市电力相关部门审批，属擅自设立机构，且管理机构不健全，施工人员素质低，施工安全管理混乱。

3. 防范措施

(1) 严格落实各级安全生产责任制。将安全责任层层分解落实到各岗位的每个人，形成人人有责任、人人负责安全生产的良好态势。

(2) 加强作业现场的全过程安全管理，杜绝安全工作只停留在工作前的交代的状况，狠抓作业中的贯彻落实。当生产与安全、进度与安全发生矛盾时，应以安全为先。

（3）针对施工作业的实际情况，适时辨识危险点，采取切实可行的防范措施及时消除事故隐患，预防事故发生。

（4）编制作业工序卡，规范作业流程，上一工序未完成前禁止开始下一工序。对于杆塔组立施工，登杆前，应检查杆塔根部、基础和拉线是否牢固，确认安全后方可攀登；遇到杆坑内积水没有完全排出、回填土没有完全夯实等造成杆基不稳的情况时，在未采取加固措施前严禁登杆。

（5）杆上有人作业时，禁止进行调整拉线等危及杆身稳定的相关作业；对安规中有关“拉线”的其他各条款，也必须一丝不苟地认真贯彻执行。执行中决不允许存在图省事、怕麻烦的心理，特别是工作负责人，更应坚持原则、严肃对待。否则，稍有放松，后果不堪设想。

（6）开展“三不伤害”的安全意识教育和技能培训，提高工作人员工作责任心、安全技能、安全意识，提高工作负责人安全、正确组织施工的能力，提高作业班组人员相互关心施工安全的责任心。

【案例18】在未检查杆基是否牢固、未架设临时拉线的情况下，违章指派工作班成员上杆作业，杆倒而致人重伤。

1. **案例经过**

某年11月25日上午8：15左右，某供电公司石角供电营业所周某签发工作票，对石角镇黄石村1社的农网改造工作进行消缺。邱某为施工负责人，余某（伤者）、雷某、廖某（以上人员为非职业化农电工）及石角镇黄石村1、2社的11位民工组成施工队伍。为使线路避开竹林，准备将一电杆搬迁（该电杆型号为ϕ150×8m，同杆架设有一闭路线）。

施工负责人邱某在开工前对工作人员余某交代了工作范围后，因另有工程验收任务，邱某和另两名人员离开施工现场。在邱某离开而没有指定任何人作为临时监护的情况下，余某和10名民工继续该项工作。

施工中，余某首先登上需搬迁的电杆解开扎线，将导线落至地面，随后到另一杆上工作。

七、违反“十不干”第七条“杆塔根部、基础和拉线不牢固的不干”引发的事故案例

余某下杆后，另几位民工对需搬迁的电杆开挖杆基马口槽，准备进行放杆工作。

马口槽挖好后，民工叫余某重新上杆松开电杆闭路线。余某在没有检查杆基最否牢固、没有架设临时拉线的情况下上杆作业。

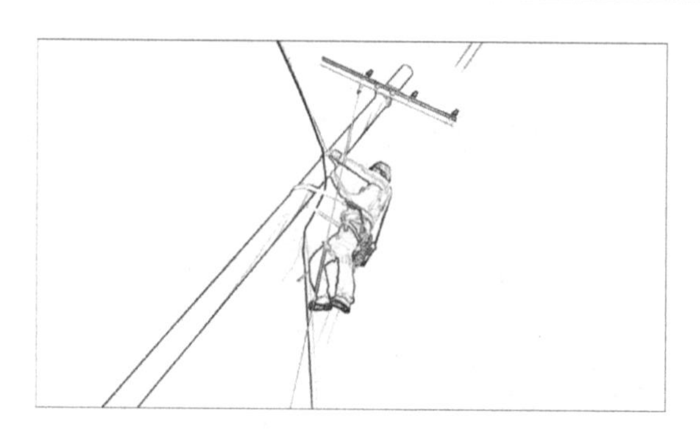

因闭路线对电杆有一定的拉力，在余某松放了闭路线后，因杆基不牢，电杆失去平衡，随即朝马口槽方向倾倒，杆梢着地。由于伤者的安全带系在电杆的横担上，在发生倾倒时，人无法与电杆脱离，余某随电杆倾倒着地，被电杆压伤，造成小肠撕裂两处、股骨胫骨骨折、膑骨骨折、腓骨开放性骨折的人身重伤事故。

2. 案例解析

（1）违章指派工作。在杆基不稳，也未采取任何防倒杆措施的情况下，指派余某登杆拆除闭路线。这是造成此次事故的主要原因。

（2）伤者明知杆基马口槽已挖一半，也未采取任何防倒杆措施的情况下，盲目登杆作业。这是造成此次事故的另一个主要原因。

（3）违反《国家电网公司电力安全工作规程（配电部分）（试行）》中第6.4.5条的规定：*“拆除杆上导线前，应检查杆根，做好防止倒杆措施，在挖坑前应先绑好拉绳。”*

在开挖（马口槽）前未先绑好拉绳，也未增设临时拉线或其他补强措施，导致电杆抗倾覆的拉力大大下降。

（4）杆上导线被拆除后剩下的闭路线对电杆有一定的拉力，等松开闭路线后，电杆的综合受力超过电杆抗倾覆的拉力。

（5）违反《国家电网公司电力安全工作规程（配电部分）（试

行)》中第3.5.5条的规定：*“工作期间，工作负责人若需暂时离开工作现场，应指定能胜任的人员临时代替，离开前应将工作现场交代清楚，并告知全体工作班成员。原工作负责人返回工作现场时，也应履行同样的交接手续。”*

工作负责人离开施工现场没有指定任何人作临时负责（监护）人，使工作班成员在工作中失去监护。

(6) 开工前，工作负责人邱某未按规定召集施工人员进行详细的安全技术措施交底，只是在施工现场向工作人员交代了一般安全技术措施。余某登杆拆除闭路线，对现场危险点不能识别，更谈不上采取相应的防范措施。

(7) 人员安全意识淡薄。外包工程队人员混杂，综合素质参差不齐，安全意识和自我防范意识不强。

(8) 无证上岗人员从事易造成人身事故的工作（立撤杆塔）。工作人员余某，是几天前刚招工进来的新员工，未经任何培训，无证上岗，缺乏工作经验。

3. 防范措施

(1) 在撤杆过程中，拆除杆上导线及松开电杆闭路线前，应先检查根部及埋深，做好防止倒杆措施；在开挖（马口槽）前应先绑好拉绳，必要时增设临时拉线或其他补强措施。

(2) 加强人员安全意识和自我防范意识。每天召开的班前会，除布置好工作任务外，还必须交代危险点和施工技术要求及应采取的安全控制措施，做到事故超前预控和可控，明确人员分工和工器具及材料的准备。同时，工作负责人要起到监护人的责任。

(3) 加强现场监管力度。加强施工现场的监护和管理，供电企业应有专人随工监督，不能以包代管，放之任之，同时应加强对危险点安全措施的检查。

(4) 严格执行相关临时工管理办法，加强对临时工的管理，严格控制临时工的使用，加强安全教育，提高外聘临时工素质；严格执行相关安全生产工作规定，在临时工从事有危险的工作时，必须在有经验的职工带领和监护下进行，并做好安全措施。

(5) 牢固树立“安全发展”理念，加强现场安全管理，严格落实规章制度，强化“安全第一”“三不伤害”的思想意识教育，杜绝习惯性违章行为。

(6) 严禁无证上岗，开展进网电工技能培训。培训的重点就电力安全知识、配网作业技能等。通过培训，使员工掌握进网电工作业的基本知识和技能，消除其对电力安全生产的无知、无畏。

【案例 19】未检查杆根和拉线，未打临时拉线，撤旧导线时，突然剪断导线，杆倒而致人死亡。

1. 案例经过

某年 4 月 12 日，某外包单位施工队安排 5 名作业人员拆除改道退出的 10kV 农发线、庙石线 63～67 号杆。上午 7：00 调度许可开工，因庙石线 65 号杆的拉线被抢建房屋砌埋，作业人员误以为拉线完好未打临时拉线。

11：00 左右，工作负责人杜某安排 2 名电工登上庙石线 65 号杆（18 米 π 杆）剪断 10kV 庙石线三根导线，随后 1 名电工下杆休息。

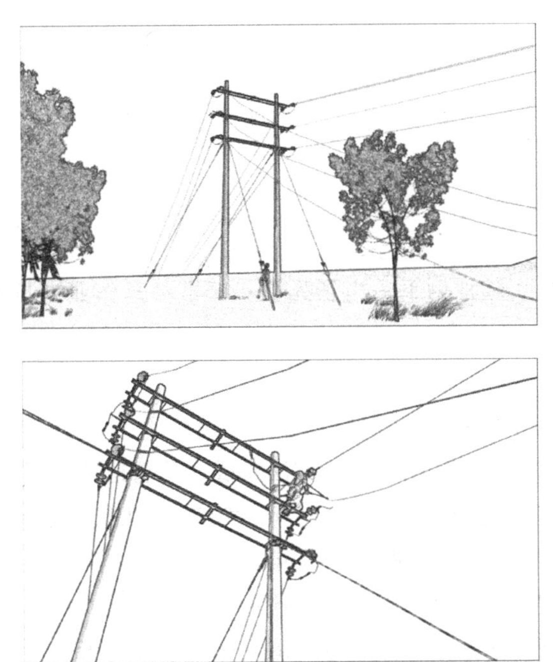

11：20 左右，工作负责人登上庙石线 66 号杆，拆除杆上的退运的另一条 10kV 农发线导线，采用了剪断导线的办法。

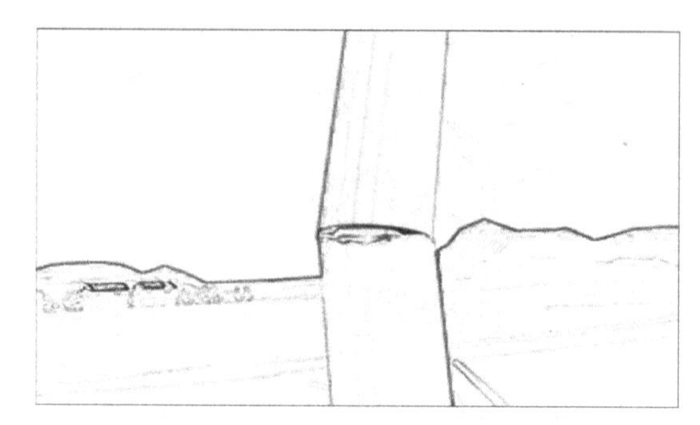

在剪断第三根导线的瞬间，由于受力改变，65 号杆底部突然断裂。

杆上电工随杆倒下，当场死亡；杆下休息作业人员躲闪不及，也受重伤。

2. **案例解析**

(1) 采用突然剪断导线的方法松线，严重违反《国家电网公司电力安全工作规程（配电部分）（试行）》中第 6.4.9 条的规定：“*禁止采用突然剪断导线的做法松线。*”

先前仅剪断 10kV 庙石线导线时，65 号杆和 66 号杆的拉力尚能保持平衡。随后剪断退运的 10kV 农发线导线时，65 号杆和 66 号杆的拉力完全失去平衡。这是造成此次事故的直接原因和主要原因。

（2）违反《国家电网公司电力安全工作规程（配电部分）（试行）》中第6.4.5条的规定：“*紧线、撤线前，应检查拉线、桩锚及杆塔。必要时，应加固桩锚或增设临时拉线。*”

工作人员没有检查杆根和拉线，没有打临时拉线，没有针对危险点采取控制措施。

（3）安全措施与规程要求、现场实际严重脱离。未制订完善的施工方案及有针对性的安全技术措施，安全交底不到位，没有办理安全施工工作票。

（4）施工现场管理混乱，没有设专人指挥，野蛮作业，工作负责人充当工作成员，造成施工现场失去监护。

（5）作业人员无相关资质，缺少必需的安全教育培训，导致安全意识和业务素质不强。当发现庙石线65号杆的拉线被抢建房屋砌埋，不能确定拉线是否完好的情况下，为图省事，蛮干冒进。

（6）从事10kV作业的人员未经市公司统一培训，供电营业所安全能力评估流于形式，缺乏对作业现场有效的监督、检查、指导。

3. 防范措施

（1）严禁突然剪断导线。突然剪断导线，在应力平衡突然破坏状态下，使杆塔受到冲击力，易发生倾倒。同时，剪断的导线由于弹跳、抽摔，也可能导致意外事故。

（2）作业人员尽量避免停留在已拆去导线的电杆下。

（3）加大查处习惯性违章行为的力度，采取有效措施，提高人员安全意识和班组安全生产管理水平。

（4）加强对外包队伍的安全管理、安全教育，杜绝以包代管、以罚代管、牢固树立“安全第一、预防为主”的思想。

（5）加强对农网改造工程的领导，层层落实安全责任制。

八、违反“十不干”第八条“高处作业防坠落措施不完善的不干”引发的事故案例

“十不干”第八条释义：高坠是高处作业最大的安全风险。采取防高处坠落措施，能有效保证高处作业人员人身安全。

高处作业均应先搭设脚手架，使用高空作业车、升降平台或采取其他防止坠落措施，方可进行。对于没有脚手架或在没有栏杆的脚手架上工作的情况，在高度超过1.5米时，应使用安全带或采取其他可靠的安全措施。

在高处作业过程中，要随时检查安全带是否拴牢。高处作业人员在转移作业地点过程中，不得失去安全保护。

【案例20】高处作业移位时，失去安全保护，现场无人监护，致人从高处坠落死亡。

1. 案例经过

某年5月14日，某供电公司外包单位外线班，按计划进行

10kV 袁杨线杨中支线 2 号杆至 8 号杆的裸导线更换为绝缘导线的工作。

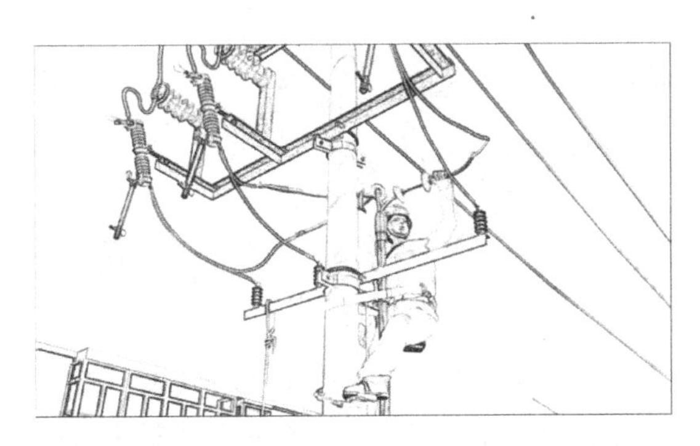

到现场后，工作负责人赵某（监护人）指派胡某拆开 10kV 袁杨线杨中支线 6 号杆上的电缆搭接头。

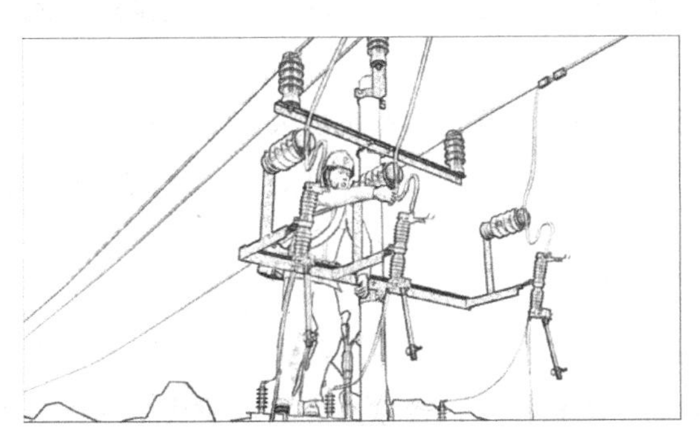

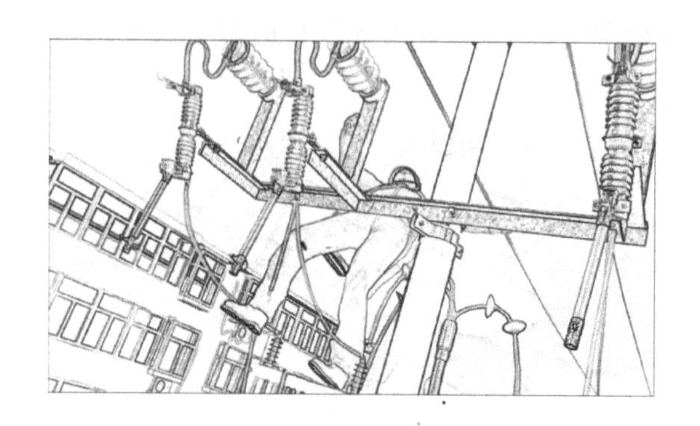

拆开10kV袁杨线杨中支线6号杆A、B、C三相搭头后，在转移换位中，胡某违反规定，未系好安全带就去拆B相10kV跌落式熔断器在瓷绝缘子上的绑扎线，双手同时脱离扶持的电杆，身体失去平衡，从高处落下，经抢救无效死亡。

2. 案例解析

(1) 施工人员胡某安全意识淡薄，个人习惯性违章情节严重，在高处作业时违反了《国家电网公司电力安全工作规程（配电部分）（试行）》中第17.2.4条的规定：“*作业人员在作业过程中，应随时检查安全带是否拴牢。高处作业人员在转移作业位置时不得失去安全保护。*”

胡某未系安全带，也无后备绳的保护，这是造成此次事故的主要原因。

(2) 现场监护人失职。工作负责人赵某（监护人）未能发现并制止胡某未系安全带的违章行为，这是造成此次事故的重要原因。

3. 防范措施

(1) 高处作业，必须使用带后备绳的双保险安全带，并分别挂在杆塔不同的牢固构件上；转移换位时，手扶构件应牢固，且不得失去后备保护绳的保护。

（2）严格执行工作监护制度，工作负责人应认真履行监护职责，不得登杆作业和脱离现场，失去对作业人员的监护。

（3）加强对作业现场的安全核查和监督，深化反违章监督，防范不系安全带作业、无人监护单人作业的违章发生。

（4）供电公司系统要深刻汲取事故的惨痛教训，牢固树立红线意识，始终把安全生产放在一切工作的首位。各单位要严查工程合同、安全协议的履约情况，加大力度查处个人习惯性违章行为并进行跟踪整治；深入开展施工中危险点分析，深入开展无违章、无违纪、无事故的“三无”工作，严禁以包代管。

组织外包单位全体施工队成员学习培训，认真开事故分析会，学习安规及相关管理规定，强化安全意识，杜绝类似事故的发生。

（5）切实加强生产现场的安全监督工作。全面梳理和治理安全生产薄弱环节，正确处理好安全与效益的关系，确保不发生人身事故。严格落实各级安全主体责任，进一步加强施工现场的安全监督，加大作业现场个人习惯性违章行为查处力度，确保各项安全管理和技术措施落实到位，并加大考核力度，杜绝违章作业。

（6）加强配电网工程劳务分包管理，明确生产项目分包原则范围及分包商准入条件、分包商选择流程、分包合同管理、分包现场管理及考核评价标准；以“互联网＋”“移动App”等信息化技术手段为支撑，研发生产工程施工分包管理系统，将准入分包商、合格作业人员、生产项目施工招标结果等信息全部录入系统并发布各单位，组织开展外包工程安全管理专项检查。

对安全教育培训考试不及格、安全意识和安全技能及身体素质不能满足安全工作要求的民工、协作工和临时工进行清退；对发生过事故、不符合安全条件的外委单位一律列入公司系统黑名单。

加强外委人员安全宣传教育，实行统一标准、统一培训、统一管理，增强安全素质，提升自我防护能力。

要选派专门的安全管理人员参与外委施工单位、长期协作单位的安全监督和培训，严格开展每日巡查、重点检查和专项督查，严格审查重点作业环节、高危作业安全施工方案措施，做到专人盯守，落实全过程的安全生产要求。

九、违反“十不干”第九条“有限空间内气体含量未经检测或检测不合格的不干”引发的事故案例

“十不干”第九条释义： 有限空间进出口狭小，自然通风不良，易造成有毒有害、易燃易爆物质聚集或含氧量不足。在未进行气体检测或检测不合格的情况下贸然进入此类环境，可能造成作业人员中毒、有限空间燃爆事故。

电缆井、电缆隧道、深度超过2米的基坑和沟（槽）等工作环境比较复杂，同时又是一个相对密闭的空间，容易聚集易燃易爆及有毒有害气体。在上述空间内作业，为避免中毒及氧气不足，应排除浊气，经气体检测合格后方可工作。

【案例21】未排除浊气进入电缆井，毒气致人一死数伤。

1. 案例经过

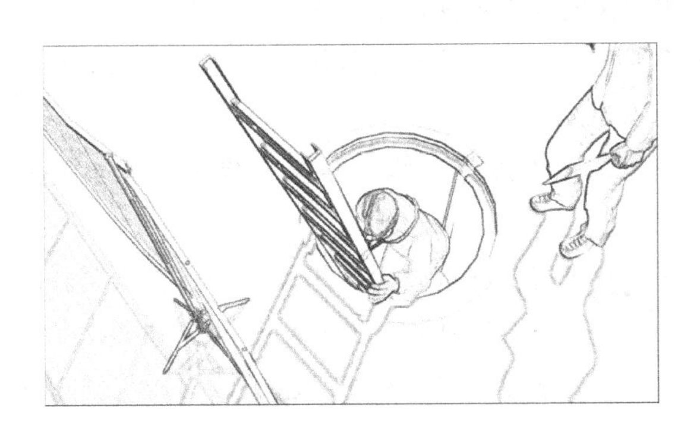

某电力工程有限公司的两个班组人员在某镇进行电缆井下作业，入井前未用气体仪器检测井道空气，也未用吹风机排除井内浊气。

施工过程中7名工作人员被沼气熏晕，其他人员发现后第一时间自救，行人也前来帮忙，随后消防员、120工作人员陆续赶到，伤者被迅速送往医院抢救治疗进行施救。事故导致1人死亡，6人受伤（其中1人危重）。

2. 案例分析

（1）违反了《国家电网公司电力安全工作规程（配电部分）（试行）》中第12.2.2条的规定：“*进入电缆井、电缆隧道前，应先用吹风机排除浊气，再用气体检测仪检查井内或隧道内的易燃易爆及有毒气体的含量是否超标，并做好记录。*”

未排除浊气就进入电缆井冒险作业，是导致此次有害气体中毒事故的主要原因。

（2）作业工人未配备气体仪器检测装置，也未佩戴个人防护用品。

（3）安全管理工作漏洞较大。相关工作负责人责任心不强，不能自觉严格按照《国家电网公司电力安全工作规程（配电部分）（试行）》的相关要求尽职尽责地组织施工，向现场施工人员的安全交底流于形式。

(4) 员工缺乏必要的安全教育培训而导致安全意识不强，麻痹大意。

3. 防范措施

(1) 预防气体中毒，通风是很重要的。高浓度窒息性气体是导致气体中毒的原因，因此采取通风措施让有害气体逸散，是防止窒息性气中毒的有效办法。倘若无法做到充分通风，则应该避免进入危险空间。确需进入时，则必须佩戴有效的防护设备。

防护设备有防毒面具、送风面罩等。检测设备有气体检测仪器、检测试纸等。

(2) 采用机械通风应让风送至作业空间的最底层，并保证作业时送风设备工作正常。充分通风后，应确认有害气体浓度低于安全浓度后方可派人进入。

(3) 当密闭的井室刚打开时，应避免静电和明火，以免引起爆炸。

(4) 避免类似有害气体中毒的具体安全措施如下：

1) 保证良好的通风条件，是避免沼气中毒最有效的办法。首先是自然通风，让易挥发的气体逸散，注意避免明火防止沼气爆炸；然后是机械通风，通风管应该放到底层以保证作业面的空气持续新鲜。

2) 进入可能有沼气的空间前，应检测有害气体。用气体仪器检测可以准确方便地检测多种有害气体；用湿润的醋酸铅试纸也可以方便地用来检测硫化氢气体（用浸有2%醋酸铅的湿试纸暴露于作业场所30秒，如试纸变为棕色至黑色，则严禁入场作业）。

3) 作业的工人要戴上洁净湿润的口罩，必要时应戴防毒面具。井下作业时，作业人员应系好防护带，并确保监护人员能用防护带将作业人员拽出井室。

4）作业人员工作时，应在场外安排两名监护人员，并备好防毒面具。监护人员不得擅离岗位。

5）救人时，必须配备防毒面具或其他防毒器具。

十、违反“十不干”第十条“工作负责人（专责监护人）不在现场的不干”引发的事故案例

“十不干”第十条释义：工作监护是安全组织措施的最基本要求。工作负责人是执行工作任务的组织指挥者和安全负责人。工作负责人、专责监护人应始终在现场认真监护，及时纠正不安全行为。

作业过程中，工作负责人、专责监护人应始终在工作现场认真监护。

专责监护人临时离开时，应通知被监护人员停止工作或离开工作现场。专责监护人必须长时间离开工作现场时，应变更专责监护人。

工作期间工作负责人若因故暂时离开工作现场时，应指定能胜任的人员临时代替，并告知工作班成员。工作负责人必须长时间离开工作现场时，应变更工作负责人，并告知全体作业人员及工作许可人。

【案例22】工作负责人（中途临时离开）未始终在工作现场，电缆沟开挖无防塌措施，作业中塌方埋人，致两人重伤、一人轻伤。

1. 案例经过

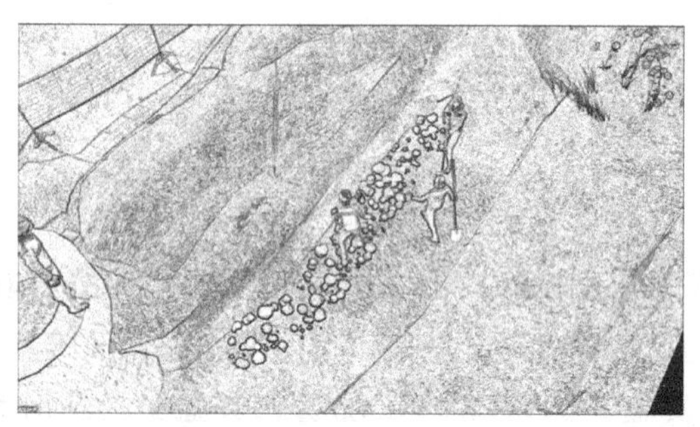

某年4月28日，某电力安装有限公司进行电力电缆沟工程施工，李某、王某、赵某根据工作负责人（中途临时离开）的安排，在无人监护的情况下，进行了电缆沟开挖作业。

当李某、王某、赵某站在西侧沟开挖时，由于沟壁黄土被掏空，西侧沟沿突然塌方，西侧沟下面的李某、王某、赵某3名工人瞬间被埋，黄土埋至3人胸部，导致2人重伤、1人轻伤。

2. 案例解析

（1）违章指挥，强令进行冒险作业，在不具备安全条件下冒险施工，是导致此次塌方事故的主要原因。作业班组严重违反了《国家电网公司电力安全工作规程（配电部分）（试行）》的如下规定：

“6.1.4 在土质松软处挖坑，应有防止塌方措施，如加挡板、撑木等。不得站在挡板、撑木上传递土石或放置传土工具。禁止由下部掏挖土层……

12.2.1.4 沟（槽）开挖深度达到 1.5m 及以上时，应采取措施防止土层塌方。”

（2）现场管理混乱，开挖的泥土、石块在沟边混乱地堆放在一起，没有及时清运。

（3）工作负责人违反了《国家电网公司电力安全工作规程（配电部分）（试行）》的如下规定：

“3.5.2 工作负责人、专责监护人应始终在工作现场……

3.5.5 工作期间，工作负责人若需暂时离开工作现场，应指定能胜任的人员临时代替。”

工作负责人随意离开工作现场，又未指定监护人进行监护，导致现场无人监护。

3. 防范措施

（1）对挖掘电缆沟及杆坑的工作中存在的危险点进行分析及防范。按照《国家电网公司电力安全工作规程（配电部分）（试行）》第 6.1.2～6.1.4 和 12.2.1.4 条及相关规章制度的规定，应采取以下安全防范措施：

1）挖坑时，应及时清除坑口附近浮土、石块；路面铺设材料和泥土应分别堆置，在堆置物堆起的斜坡上不得放置工具、材料等器物；临时堆土，应远离基坑并控制堆土高度。

2）在超过 1.5 米深的基坑内作业时，向坑外抛掷土石应防止土石回落坑内，并做好防止土层塌方的临边防护措施。

3）在土质松软处挖坑，应有防止塌方措施，如加挡板、撑木等。不得站在挡板、撑木上传递土石或放置传土工具。禁止由下部掏挖土层。

（2）工作负责人（专责监护人）应始终在现场，履行职责，认真监护；工作期间，工作负责人若因故需暂时离开工作现场，应指定能胜任的人员临时代替，并告知工作班成员；工作负责人若必须长时间离开工作现场，应变更工作负责人，并告知全体作业人员及工作许可人；工作负责人不在工作现场时，一律不得开工。

（3）对基础施工人员进行相关知识技能培训，告知安全注意事项，防止土石塌方等意外伤害。

【案例23】工作负责人不在现场，也无专责监护人，测量接地电阻未按规定使用绝缘手套，致人触电轻伤。

1. 案例经过

某年3月，某县供电公司运维部组织人员，组织对辖区内部分10kV以上线路杆塔的接地引下线、架空地线及配变、分支箱等供电设备的“健康状况”进行全面检查，并对接地电阻值进行测量，以提升电网健康运行水平。

3 月 1 日，浦某和朱某带着接地电阻测试仪、接地探测针、绝缘手套、扳手、钢刷等到达 10kV 八单线单中支线中杨分支线 6 号杆幸福村 1 号配变测量现场。工作负责人曹某未到测量工作现场。开工前，无人按规定召集测量人员进行详细的安全技术措施交底，只是在工作现场对作业人员进行了分工。

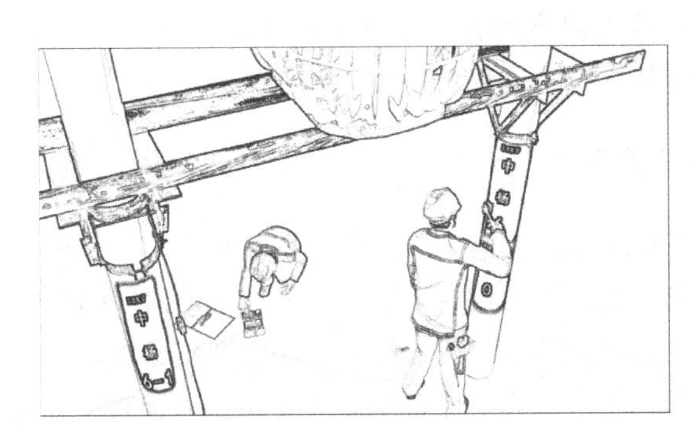

工作中，浦某试图徒手用扳手拆开与电杆连接的接地引下线的连接螺栓，朱某未对其进行全过程监护。就在接触连接螺栓的同时，朱某大叫一声“有电”，扳手掉落地上，人也摔在地上，受了轻伤。

2. 案例分析

（1）作业人员违反了《国家电网公司电力安全工作规程（配电部分）（试行）》中第 11.3.5 条的规定：“*测量杆塔、配电变压器和避雷器的接地电阻，若线路和设备带电，解开或恢复杆塔、配电变压器和避雷器的接地引线时，应戴绝缘手套。禁止直接接触与地断开的接地线。*”

在拆开与电杆连接的接地引下线的连接螺栓时，人员未戴绝缘手套，造成触电。

（2）开工前工作负责人未按规定召集测量人员进行危险点分

析、告知，未进行详细的安全技术措施交底，更未确认每位工作人员都知晓相关安全内容。

(3) 安全管理混乱，现场无工作负责人。违反了《国家电网公司电力安全工作规程（配电部分）（试行）》中第3.5.2条的规定：“*工作负责人、专责监护人应始终在工作现场。*”

(4) 现场监护不到位，工作监护人朱某没有认真履行安全职责，未对浦某进行全过程监护。

3. 防范措施

(1) 在接地电阻值测量工作中，拆除接地引下线时必须戴绝缘手套、穿绝缘靴。因为线路、杆塔、配电变压器都处于运行状态，其零线存在一定的零序电流。特别是配电变压器的接地引下线，它是与避雷器、变压器的中性点及变压器外壳连接在一起的。当三相负荷不平衡时，在中性点产生一个电位差，会形成相当大的零序电流，如徒手接触与地线断开的接地引下线，就会造成触电事故。所以，拆除接地引下线时严禁直接接触与接地体断开的接地引下线。

要特别强调的是，拆除运行中的变压器接地线时，必须在做好临时工作接地后，才能拆除原有接地线。这是因为如果带电三相负荷不平衡，会造成中性点严重偏移，所以要先搭接临时接地线，然后再进行工作。

(2) 工作负责人（专责监护人）应始终在现场，认真履行职责，时刻注意全程监护，及时纠正不安全行为。工作负责人不在工作现场，一律不得开工。

(3) 工作前对工作班成员进行危险点告知，交代安全措施和技术措施，并确认每一个工作班成员都已知晓。